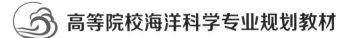

高等院校海洋科学专业规划教材

海洋生态学实验

Experiments of Marine Ecology

何　蕾　殷克东◎编著

U0385810

中山大学出版社
SUN YAT-SEN UNIVERSITY PRESS
·广州·

图书在版编目（CIP）数据

海洋生态学实验/何蕾，殷克东编著.—广州：中山大学出版社，2019.12
ISBN 978 - 7 - 306 - 06708 - 1

Ⅰ. ①海…　Ⅱ. ①何… ②殷…　Ⅲ. ①海洋生态学—实验—高等学校—教材
Ⅳ. ①Q178.53 - 33

中国版本图书馆 CIP 数据核字（2019）第 210204 号

出 版 人：王天琪
策划编辑：曾育林
责任编辑：曾育林
封面设计：林绵华
责任校对：付　辉
责任技编：何雅涛
出版发行：中山大学出版社
电　　话：编辑部 020 - 84110771，84111997，84110779，84113349
　　　　　发行部 020 - 84111998，84111981，84111160
地　　址：广州市新港西路 135 号
邮　　编：510275　　　　　传　　真：020 - 84036565
网　　址：http://www.zsup.com.cn　　E-mail：zdcbs@ mail.sysu.edu.cn
印 刷 者：广州市友盛彩印有限公司
规　　格：787mm×1092mm　1/16　4.5 印张　100 千字
版次印次：2019 年 12 月第 1 版　　2019 年 12 月第 1 次印刷
定　　价：28.00 元

总　序

海洋与国家安全和权益维护、人类生存和可持续发展、全球气候变化、油气和某些金属矿产等战略性资源保障等息息相关。贯彻落实"海洋强国"建设和"一带一路"倡议，不仅需要高端人才的持续汇集，实现关键技术的突破和超越，而且需要培养一大批了解海洋知识、掌握海洋科技、精通海洋事务的卓越拔尖人才。

海洋科学涉及领域极为宽广，几乎涵盖了传统所熟知的"陆地学科"。当前海洋科学更加强调整体观、系统观的研究思路，从单一学科向多学科交叉融合的趋势发展十分明显。在海洋科学的本科人才培养中，如何解决"广博"与"专深"的关系，十分关键。基于此，我们本着"博学专长"的理念，按照"243"思路，构建"学科大类→专业方向→综合提升"专业课程体系。其中，学科大类板块设置基础和核心2类课程，以培养宽广知识面，让学生掌握海洋科学理论基础和核心知识；专业方向板块从第四学期开始，按海洋生物、海洋地质、物理海洋和海洋化学4个方向，进行"四选一"分流，让学生掌握扎实的专业知识；综合提升板块设置选修课、实践课和毕业论文3个模块，以推动学生更自主、个性化、综合性地学习，提高其专业素养。

相对于数学、物理学、化学、生物学、地质学等专业，海洋科学专业开办时间较短，教材积累相对欠缺，部分课程尚无正式教材，部分课程虽有教材但专业适用性不理想或知识内容较为陈旧。我们基于"243"课程体系，固化课程内容，建设海洋科学专业系列教材：一是引进、翻译和出版 *Descriptive Physical Oceanography：An Introduction*（6th ed）（《物理海洋学·第6版》）、*Chemical Oceanography*（4th ed）（《化学海洋学·第4版》）、*Biological Oceanography*（2nd ed）（《生物海洋学·第2版》）、*Introduction to Satellite Oceanography*（《卫星海洋学》）等原版教材；二是编著、出版《海洋植物学》《海洋仪器分析》《海岸动力地貌学》《海洋地图与测量学》《海洋污染与毒理》《海洋气象学》《海洋观测技术》《海洋油

1

气地质学》等理论课教材；三是编著、出版《海洋沉积动力学实验》《海洋化学实验》《海洋动物学实验》《海洋生态学实验》《海洋微生物学实验》《海洋科学专业实习》《海洋科学综合实习》等实验教材或实习指导书，预计最终将出版 40 多部系列教材。

教材建设是高校的基础建设，对实现人才培养目标起着重要作用。在教育部、广东省和中山大学等教学质量工程项目的支持下，我们以教师为主体，及时把本学科发展的新成果引入教材，并突出以学生为中心，使教学内容更具针对性和适用性。谨此对所有参与系列教材建设的教师和学生表示感谢。

系列教材建设是一项长期持续的过程，我们致力于突出前沿性、科学性和适用性，并强调内容的衔接，以形成完整知识体系。

因时间仓促，教材中难免有所不足和疏漏，敬请不吝指正。

《高等院校海洋科学专业规划教材》编审委员会

前　言

　　海洋生态学是海洋科学的重要组成部分，主要研究海洋中各种层级的生命组成及其与环境的相互关系，同时又与海洋资源、环境、经济等有密切关系，是海洋科学领域中学科间交叉最为显著的学科。以海洋生态学为基础的实验技术广泛应用于海洋化学、海洋生物、海洋环境等领域，已经成为生物海洋学、生物地球化学、藻类生理生态学等学科研究的重要手段。

　　"海洋生态学实验"课程是实践教学的重要环节，也是理论教学有益的补充。本课程注重将理论教学和实践教学相结合，以学生为中心，培养学生良好的实验习惯，使学生掌握海洋生态学实验的基本原理和操作技能，熟悉海洋生态学研究的基本方法和理论，巩固和加深所学的基础知识，从而提高学生理论联系实际的能力、设计实验的能力、分析解决问题的能力。

　　"海洋生态学实验"教材以教学大纲为依据，参考国内高校海洋生态学实验的教学现状和相关国家标准规范，结合海洋生态学的科研实践，整理使用多年的海洋生态学实验讲义而编写，设置了基本性实验、综合性实验和开放性实验，力求将基础性与实用性相结合。

　　教材编著者长期工作在教学和科研一线，具有丰富的教学和科研实践经验。其中，何蕾负责实验设计和教材编写，殷克东、张亚锋、石祥刚、谢伟、吴文学、王梦媛等在教材建设过程中提出了宝贵的意见和建议。此外，博士研究生蓝斐、刘沁宇、黄芳娟和硕士研究生梁映彤等参与了教材的编写等工作。全书最后由何蕾统稿和定稿。

　　海洋生态学实验内容涉及海洋科学各相关学科的知识，而编者水平有限，书中难免存在疏漏与错误，敬请各位读者批评指正。由于学时有限，部分实验步骤有所调整，敬请各位读者注意。

　　本书的编写和出版得到了中山大学海洋科学学院领导的大力支持，获得了中山大学本科教学质量工程项目"'海洋生态学'精品资源共享课"

的资助，编著者特此表示感谢！本书在编写过程中参阅了相关文献与论著，如有疏漏未在参考文献中列明的文献与作者，在此一并对原作者表示感谢。

编著者

2019 年 8 月

目　　录

第一章　实验课基本要求

第一节　实验室守则

1. 进入实验室须穿好实验服，戴好实验用手套，禁止穿拖鞋。

2. 实验无关物品不得带入实验室，严禁在实验室内吸烟和饮食。

3. 遵守实验室纪律，按照排好的座位表就座，保持室内安静，不得大声喧哗和随意走动。

4. 爱护仪器设备，节约使用实验耗材，严格按照操作规则使用，如不慎损坏，应主动报告老师。

5. 不随意碰触实验室电源开关和实验室的仪器设备、材料，如发现实验室设备异常，应及时报告老师。

6. 实验时应保持实验台、地面、水槽、仪器的清洁。

7. 实验废弃物应统一收集处理，不得随意丢弃。若不小心打破玻璃仪器，碎片应丢入玻璃废弃箱中，不可与其他废弃物混置。

8. 实验所用材料、仪器与废弃物均严格禁止带出实验室。

9. 实验结束后，将未用完的实验耗材整理好放回原处，实验仪器与设备清洁干净，处理实验废弃物，清洁实验台。

10. 待所有人实验完成后，值日生须认真做好实验室的清洁工作，检查水电气开关，离开时关好门窗。

第二节　实验课要求

1. 本课程为单独设课，教学方式采用多媒体教学，以学生独立操作为主，并以小组为单位共同完成实验内容，最后进行结果分析。

2. 实验课前学生应认真预习实验原理和内容，了解实验方法和步骤，查阅相关

教材和文献，做到对实验的操作和难点心中有数，并写好实验预习报告，经老师批阅后方可进入实验室进行实验。

3. 按规定时间到达实验室上课，不迟到、不早退、不旷课。

4. 老师讲解实验时，学生应认真听讲，做好笔记，不得随意走动和喧哗，做实验的过程中不得擅自离开实验室，不得做与实验无关的事情。

5. 在规定时间内，学生须独立完成实验测定。实验过程中要勤于动手、敏锐观察、细心操作、开动脑筋、善于提问、深入分析、钻研问题、准确记录原始数据，不得为了"漂亮"的实验结果而篡改数据。

6. 实验结束后学生需要独立整理实验数据、分析实验结果及产生误差的原因，撰写实验报告（详见本章第三节），严禁与他人抄袭或雷同。

第三节　实验报告撰写

实验得出结果后并不意味着实验结束，将实验所得数据进行分析处理并从中得出结论，同时分析实验误差和问题，并将这些结论写成实验报告，也是实验课程的重要组成部分。

实验报告应包含以下内容：

1. 标题。写上实验名称，并标注实验者姓名、学号、组别、实验日期等相关内容。

2. 实验目的。在充分理解实验的基础上简明地概括出实验的目的。

3. 实验原理。详细阐述实验的基本方法和原理，如有计算公式的需要列出。

4. 实验仪器和设备。列出实验所用到的仪器和设备（最好能标明型号）。

5. 实验材料和试剂。列出实验所用到的材料和试剂，必要时可以写出试剂的配制方法。

6. 实验步骤。列出实际操作步骤，可以使用流程图、编号或列表的形式展现。每一步操作如能写出操作目的更佳。

7. 实验结果。按照预习实验时设计的记录表格详细、真实地记录实验原始数据，不得随意篡改数据；并根据实验需要按公式计算出最终结果。

8. 分析与讨论。

（1）实验数据处理：根据需要选择单种或多种数据处理方式。数据的处理方式通常有列表法和作图法等。列表法：当实验数据较少且使用列表方式即可直观地表达出实验数据的变化和实验组之间的差别时，可以选用列表法。完整的表格需具备表格编号、简明的表名、表头和数据，表名一般写在表格上方。作图法：当实验组设置较多时，为直观表达出数据的变化和不同实验组之间的差别，可以选用作图法。这是一种最常用的数据处理方法，具有简洁、直观、便于比较等优点。作图时，根据数据关系选择合适的坐标轴参数；按照测量数据在对应的位置标出数据点，不同实验组在同一个坐标系中作图时需选择不同的坐标以便区分；标好数据点后，使用直线或平滑的曲线将数据点连接，如有个别偏离较大的点应重新审核数据，确定为误差值时应剔除；标明图例和横纵坐标的变量名和单位。完成后将图的编号和名称写在图的下方。一张完整的实验结果图应具有图号、图名、横纵坐标轴、坐标轴变量名称和单位、数据和图例。

（2）实验结果分析：根据实验前对实验原理的了解预测实验理论结果，将实际结果与理论结果对照，并逐条分析不同实验结果代表什么结论，最后分析实验是否达到理想预期。

（3）实验讨论：根据查找的相关文献资料，结合实验操作过程分析实验结果理想或不理想的原因，讨论实验操作过程中可能带来的误差。

9. 思考。根据实验结果、分析与讨论对实验进行思考，并对实验设计操作提出意见或建议。

第二章　海洋生态学样品采集基本知识

第一节　样品采集一般程序

从海洋环境中取得有代表性的样品，并采取适当预防措施，避免样品在采样和分析间隔内发生变化，是海洋环境调查监测的第一关键环节。采样程序主要包括：

1. 确定采样目的和原则。
2. 确定样品采集的时空尺度。
3. 确定采样点的设置原则。
4. 明确现场采样方法及质量保证措施。

第二节　采样站位的布设

一、布设原则

监测站位和断面的布设应根据监测计划确定监测目的，结合水域类型、水文、气象、环境等自然特征，综合诸因素提出优化布点方案，在研究和论证的基础上确定。采样的主要站点应合理地布设在环境发生明显变化或有重要功能用途的海域，如近岸河口区或重大污染源附近。影响站点布设的因素有很多，主要遵循以下原则：

1. 能够提供有代表性的信息。
2. 站点周围的环境地理条件。
3. 动力场状况（潮流场和风场）。
4. 站点周围的航行安全程度。
5. 经济效益分析。

6. 尽量考虑站点在地理分布上的均匀性，并尽量避开特征区划的系统边界。

根据水文特征、水体功能、水环境自净能力等因素的差异性，考虑监测站点的布设。同时，还要考虑自然地理差异及特殊需要。

二、监测断面

监测断面的布设应遵循近岸较密、远岸较疏，重点区较密、对照区较疏的原则。断面设置应根据掌握水环境质量状况的实际需要，考虑对污染物时空分布和变化规律的控制，力求以较少的断面和测点取得代表性最好的样点。

一个断面可分左、中、右和不同深度，通过水质参数的实测之后，可做各测点之间的方差分析，判断差别是否显著。同时，分析判断各测点之间的密切程度，从而决定断面内的采样点位置。为确定完全混合区域内断面上的采样点数目，有必要规定采样点之间的最小相关系数。海洋沿岸的采样，可在沿海设置大断面，并在断面上设置多个采样点。

入海河口区的采样断面应与径流扩散方向垂直布设。根据地形和水动力特征布设一至数个断面。港湾采样断面（站位）视地形、潮汐、航道和监测对象等情况布设。在潮流复杂区域，采样断面可与岸线垂直设置。

三、采样层次

采样层次（表 2 - 2 - 1）。

表 2 - 2 - 1　采样层次

水深范围 /m	标 准 层 次	底层与标准层最小距离 /m
小于 10	表层	
10～25	表层、底层	
25～50	表层、10 m、底层	
50～100	表层、10 m、50 m、底层	5
100 以上	表层、10 m、50 m、以下水层酌情加层、底层	10

注1：表层系指海面以下 0.1～1 m；

注2：底层，对河口及港湾海域最好取离海底 2 m 的水层，深海或大风浪时可酌情增大离底层的距离。

四、采样时间和采样频率

按以下要求确定采样时间和采样频率：

1. 以最小工作量满足反映环境信息所需资料。
2. 技术上的可能性和可行性。
3. 能够真实地反映出环境要素变化特征。
4. 尽量考虑采样时间的连续性。

第三节　现场采样操作

一、岸上采样

如果水是流动的，采样人员站在岸边，应面对水流动方向操作。若底部沉积物受到扰动，则不能继续取样。

二、船上采样

采用向风逆流采样，将来自船体的各种污染控制在尽量低的水平上。由于船体本身就是一个污染源，船上采样要始终采取适当措施，防止船上各种污染源可能带来的影响。当船体到达采样站位后，应该根据风向和流向，立即将采样船周围海面划分成船体沾污区、风成沾污区和采样区三部分，然后在采样区采样。发动机关闭后，当船体仍在缓慢前进时，将抛浮式采水器从船头部位尽力向前方抛出，或者使用小船离开大船一定距离后采样。在船上，采样人员应坚持向风操作，采水器不能直接接触船体任何部位，裸手不能接触采水器排水口，采水器内的水样先放掉一部分后，然后再取样。

第四节　样品的采集方法

一、溶解氧样品的采集

应用碘量法测定水中溶解氧，水样需直接采集到样品瓶中。采样时，应注意不使水样曝气或残存气体。如使用有机玻璃采水器、球阀式采水器、颠倒采水器等应防止搅动水体，溶解氧样品需最先采集。

采样步骤如下：水样采集后乳胶管的一端接上玻璃管，另一端套在采水器的出水口，放出少量水样润洗水样瓶 2 次；将玻璃管插到样品瓶底部，慢慢注入水样，待水样装满并溢出约为瓶子体积的 1/2 时，将玻璃管慢慢抽出；立即用自动加液器（管尖靠近液面）依次注入氯化锰溶液和碱性碘化钾溶液；塞紧瓶塞并用手按住瓶塞和瓶底，将瓶上下翻转不少于 20 次，使样品与固定液充分混匀，混匀后放在稳定的地方。

二、叶绿素样品的采集

水样采集后，应尽快从采水器中接出样品；接水样的同时摇动采水器，防止悬浮物在采水器内沉降；量取一定体积的水样用 GF/F（玻璃纤维滤膜，孔径 0.7 μm）滤膜过滤，并且记录过滤的水样体积，过滤完成后，将滤膜取下放在干净的锡纸上，有颗粒物的一面朝上，进行对折，并用锡纸包裹好，贴好标签，放入 −20 ℃冰箱冷冻保存。

三、营养盐样品的采集

采样时，应防止船上排污水的污染、船体的扰动；还要防止空气污染，特别是防止船烟和吸烟者的污染。过滤前要混匀样品，用 GF/F 滤膜过滤除去颗粒物质，过滤后的水样至少润洗样品瓶和盖 2 次，再装入水样，水样量应约为瓶容量的 3/4，拧紧瓶盖，贴好标签，放入 −20 ℃冰箱冷冻保存。

第五节　采样中的质量控制

一、现场空白样

现场空白样是指在采样现场以纯水作样品，按照测定项目的采样方法和要求，与样品在相同条件下装瓶、保存、运输，直至送到实验室分析。通过将现场空白样与室内空白样测定结果相对照，掌握采样过程和环境条件对样品质量影响的状况。

现场空白样所用的纯水，其制备方法及质量要求与室内空白样纯水相同。纯水应用洁净的专用容器，由采样人员带到采样现场，运输过程应注意防止污染。

二、现场平行样

现场平行样是指在相同采样条件下，采集平行双样或以上送到实验室分析。测定结果可反映采样与实验室测定精密度。当实验室精密度受控时，主要反映采样过程的

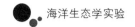

精密度变化状况。现场平行样要注意控制采样操作和条件的一致。对水质中非均相物质或分布不均匀污染物，在样品灌装时摇动采水器，使样品保持均匀。

第六节　采样注意事项

一、采样设备和材料的防沾污

采样设备和材料防沾污应采取以下措施：采水器、样品瓶等均须按规定的洗涤方法洗净（附录六），按规定容器分装测样；现场作业前，应先进行保存试验并抽查器皿的洁净度。

采样人员的手应保持清洁，采样时，不能用手、手套等接触样品瓶和瓶盖的内壁；样品瓶应防尘、防污、防烟雾和污垢，应置于清洁环境中；滤膜及其过滤系统应保持清洁，可用酸和其他洗涤剂清洗，并用洁净的锡纸包好；消毒过的瓶子应保持无菌状况直至样品采集；采水器可用海水广泛漂洗，或放在较深处，再提到采样的深度进行采样。

二、样品的贮存与运输

贮存水质样品的容器材质的选择应遵循以下原则：容器材质对水质样品的污染程度应最小；容器便于清洗；容器的材质在化学活性和生物活性方面具有惰性，使样品与容器之间的作用保持在最低水平。

选择贮存样品容器时，应考虑对温度变化的应变能力、抗破裂性能、密封性、重复打开的能力，以及体积、形状、质量和重复使用的可能性。

大多数含无机成分的样品，多采用聚乙烯、聚四氟乙烯和多碳酸酯聚合物材质制成的容器。常用的高密度聚乙烯，适合于水中硅酸盐、钠盐、总碱度、氯化物、电导率、pH分析和测定的样品贮存。

玻璃质容器适合有机化合物和生物样品的贮存。塑料容器适合放射性核素和大部分痕量元素的水样贮存。带有氯丁橡胶圈和油质润滑阀门的容器不适合有机物和微生物样品的贮存。

水质样品的固定通常采用冷冻和酸化后低温冷藏两种方法。水质过滤样加酸酸化，使pH小于2，然后低温冷藏。未过滤的样品不能酸化（汞的样品除外），酸化可使颗粒物上的痕量金属解吸，未过滤的水样应冷冻贮存。

空样容器送往采样地点或装好样品的容器运回实验室供分析时，都应非常小心。包装箱可用多种材料，用以防止破碎，保持样品的完整性，使样品损失降低到最低限度。包装箱的盖子一般都应衬有隔离材料，用以对瓶塞施加轻微压力，增加样品瓶在样品箱内的固定程度。

采样瓶注入样品后，应立即将样品来源和采样条件用铅笔或油性笔记录下来，并标记在样品瓶上。采样记录应从采样时起直到分析测试结束，始终伴随样品。

第七节 安全措施

1. 在各种天气条件下采样，应确保操作人员和仪器设备的安全。

2. 操作人员应系好安全带，备好救生圈，各种仪器设备均应采取安全固定措施。

3. 监测船在所有水域采样时要防止商船、捕捞船及其他船只靠近，应随时使用各种信号表明正在工作的性质。

4. 应避免在危险岸边等不安全地点采样。如果不可避免，不应单独一个人，可由一组人采样，并采取相应措施。若具备条件，应在桥梁、码头等安全地点采样。安装在岸边或浅水海域的采样设备，应采取保护措施。

5. 采样时，应采取一些特殊防护措施，避免某些偶然情况出现，如腐蚀性、有毒、易燃易爆、病毒及有害动物等对人体的伤害。

6. 使用电操作采样设备，在操作和维修过程中应加强安全措施。

第三章 实 验 内 容

第一节 种群生长和种间竞争实验

实验一 浮游植物生长和种间竞争

一、实验目的

1. 了解海洋浮游植物培养液的配制和培养方法。

2. 掌握浮游植物样品的固定方法和计数方法，并根据细胞数量增长速率绘制增长曲线（逻辑斯谛增长曲线）。

3. 通过不同种类浮游植物混合培养，观察不同种群增长速率的差异、混合种群在竞争中的种类更替过程。

4. 更好地理解生态学中竞争的重要概念及在群落组成和结构维持中的重要作用。

二、实验原理

当一个物种迁入到一个新的生态系统中后，其数量会发生变化。假设该物种的起始数量小于环境的最大容纳量，数量则会增长。增长方式有以下两种：

1. J型增长：若该物种在此生态系统中无天敌，且食物、空间等资源充足（理想环境），则增长函数为：

$$\frac{\mathrm{d}N}{\mathrm{d}t} = rN$$

式中，N 为种群个体总数，t 为时间，r 为种群增长潜力指数，图像形似"J"形（图 3-1-1）。

2. S 型增长：若该物种在此生态系统中有天敌，食物、空间等资源也不充足（非理想环境），则增长函数满足逻辑斯谛方程：

$$\frac{\mathrm{d}N}{\mathrm{d}t} = rN\left(1 - \frac{N}{K}\right)$$

式中，N 为种群个体总数，t 为时间，r 为种群增长潜力指数，K 为环境最大容纳量，图像形似"S"形（图 3 - 1 - 1）。

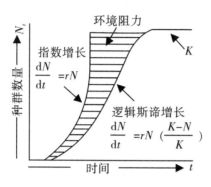

图 3 - 1 - 1　种群增长型

注：引自 Kendeigh，1974 年。

将单独培养在某一特定环境中均能正常生活的几种浮游植物混合培养在相同环境中，由于存在对空间、营养盐等的竞争，不同种类生长状况不同。竞争力强、繁殖快的种类将因数量优势而逐渐淘汰竞争力弱、繁殖慢的种类，从而出现明显的种类更替。

三、仪器与材料

生物显微镜、血球计数板、250 mL 三角烧瓶、高压灭菌锅、恒温光照培养箱、移液枪和枪头、计数器、温度计、盐度计、pH 计、光合作用有效辐照测量仪、天平。

实验室常用培养浮游植物有小球藻、扁藻、小新月菱形藻、中肋骨条藻等，可选其中两种作为实验藻种。

1. 小球藻（*Chlorella* spp.）。属绿藻门，单细胞藻，常单生，也有多细胞聚集。细胞呈球形、椭圆形，直径 3 ～ 8 微米，内有一个周生、杯状或片状的色素体。无性繁殖。出现在 20 多亿年前，是地球上最早的生命之一，也是一种高效的光合植物。海产小球藻对盐度的适应范围较广，在海洋中广泛分布，在港湾、河口的半咸水中也能生存。生长适温 10 ～ 36 ℃，最适温度 25 ℃左右，最适光强 10 000 Lx，适宜 pH 为 6 ～ 8。小球藻在水产养殖中是轮虫的饵料。

2. 扁藻（*Platymonas* spp.）。属绿藻门，其中亚心形扁藻较为常见。单细胞体，细胞长 10 μm 多，藻体一般扁压，有背弯腹平的特点，具有 4 条等长鞭毛。无性生殖。最适温度为 20～28 ℃，对低温的适应性强；最适盐度为 30～40；最适光强范围为 5 000～10 000 Lx；一般 pH 在 6～9 范围内都能生长繁殖，最适 pH 为 7.5～8.5。扁藻是水产养殖贝、虾类幼体的良好饵料。

3. 小新月菱形藻（*Nitzschia closterium f. minutissima*）。属硅藻门。藻体为单个细胞，细胞中央部分膨大，呈纺锤形，两端渐尖，笔直或朝同一个方向弯曲似月牙形。细胞长 12～23 μm，宽 2～3 μm。生长繁殖的适温为 5～28 ℃，最适温度为 15～20 ℃。水温超过 28 ℃，藻细胞停止生长，最终大量死亡。对盐度的适应范围广，在 18～61.5 的盐度范围内都能生长，最适盐度为 25～32。最适光照强度范围为 3 000～8 000 Lx，小型培养时切忌直射阳光。适应的 pH 范围在 7～10 之间，最适 pH 为 7.5～8.5。

4. 中肋骨条藻（*Skeletonema costatum*）。属硅藻门，细胞为透镜形或圆柱形，直径为 6～22 μm。壳面圆而鼓起，着生一圈细长的刺与邻细胞的对应刺相接组成长链。刺的多寡差别很大，有 8～30 条。细胞间隙长短不一，往往长于细胞本身的长度。广温、广盐性种类，分布极广。最适盐度为 25～30，生长适温为 8～32 ℃，最适温度为 20～25 ℃，最适 pH 为 7.5～8.5。中肋骨条藻是培养对虾幼体的主要饵料之一。

四、试剂配制

1. f/2 培养液配方（表 3-1-1 至表 3-1-3）。

表 3-1-1　f/2 培养液配方

成　　分	分 子 量	储 存 液	每升用量	终浓度/（μmol/L）
$NaNO_3$	85	75 g/L dH_2O	1 mL	882
$NaH_2PO_4 \cdot H_2O$	138	5 g/L dH_2O	1 mL	36.3
$Na_2SiO_3 \cdot 9H_2O^*$	284.2	30 g/L dH_2O	1 mL	106
f/2 微量金属溶液	—	见表 3-1-2	1 mL	—
f/2 维生素溶液	—	见表 3-1-3	0.5 mL	—

把以上溶液定容到 1 L，高温灭菌后，放置于冰箱内冷藏保存，用于接种。

表 3 - 1 - 2　f/2 微量金属溶液

成　　分	分子量	储存液	每升用量	终浓度（mol/L）
$FeCl_3 \cdot 6H_2O$	270.3	—	3.15 g	1×10^{-5}
$Na_2EDTA \cdot 2H_2O$	372.2	—	4.36 g	1×10^{-5}
$CuSO_4 \cdot 5H_2O$	249.69	9.8 g/L dH$_2$O	1 mL	4×10^{-8}
$Na_2MoO_4 \cdot 2H_2O$	242	6.3 g/L dH$_2$O	1 mL	3×10^{-8}
$ZnSO_4 \cdot 7H_2O$	287.6	22.0 g/L dH$_2$O	1 mL	8×10^{-8}
$CoCl_2 \cdot 6H_2O$	237.93	10.0 g/L dH$_2$O	1 mL	5×10^{-8}
$MnCl_2 \cdot 4H_2O$	197.91	180.0 g/L dH$_2$O	1 mL	9×10^{-7}

把以上溶液定容到 1 L，高温灭菌后冷藏保存。

表 3 - 1 - 3　f/2 维生素溶液

成　　分	分子量	储存液	每升用量	终浓度（mol/L）
维生素 B$_{12}$（cyanocobalamin）	—	1.0 g/L dH$_2$O	1 mL	1×10^{-10}
生物素（biotin）	—	0.1 g/L dH$_2$O	10 mL	2×10^{-9}
维生素 B$_1$（Thiamine · HCl）	—	—	200 mg	3×10^{-7}

把以上溶液定容到 1 L，高温灭菌后冷藏保存。

2. 鲁哥氏（Lugol's）碘液。称量 100 g KI 和 50 g I$_2$，溶解在 900 mL 超纯水中，此过程在通风橱中完成；待溶液完全溶解后，加 100 mL 冰醋酸，混合均匀后转移到棕色塑料瓶中保存。

五、实验步骤

1. 培养器具的准备。以 250 mL 的锥形瓶为培养瓶，洗净进行高温灭菌后，倒入高压灭菌过的天然过滤海水，按比例加入 f/2 培养液。

2. 培养条件。记录培养条件，并且培养条件（温度、盐度、光强、pH 等）的设置应使所选种类在单独培养时均能正常生长，在此基础上探讨浮游植物种间竞争。

3. 接种。①计数实验藻种原液浓度；②准备 3 个 250 mL 的锥形瓶，倒入 200 mL 培养液，其中两个锥形瓶用来接种单种，另一个锥形瓶用来接种由上述两种藻种混合而成的混合种。根据藻种原液浓度和培养液体积计算要倒入原液的体积，控制各种群初始浓度基本相等，且要大于等于 10^4 个/毫升，使其在培养过程中能够增长。

4. 取样计数。自接种时开始，每天定时取样，取样时先将藻液充分摇匀，取 1.5

mL 藻液放在 2 mL 离心管里，加入 0.075 mL Lugol's 碘液固定，混匀，固定 10 min 后，以血球计数板（使用请见附录一）于显微镜下计数。每个样品取 3 个平行样进行计数，然后取平均值。

六、数据分析

计数结果填入表 3 - 1 - 4，并以培养时间（t）为横坐标、种群密度（N_t）为纵坐标，绘制各种群单独培养和混合培养时的数量变化曲线，对所选种类的竞争试加分析。

表 3 - 1 - 4 种群生长密度记录

（单位：个/毫升）

种　　群	A	B	A + B	
			A	B
第一天				
第二天				
第三天				
第四天				
第五天				
第六天				
第七天				

第二节　海洋主要生态因子对生物的影响实验

实验二　盐度对浮游植物的影响

一、实验目的

以不同盐度梯度进行实验，分析浮游植物对盐度的适应范围和最适范围，了解盐度对浮游植物的影响。

二、实验原理

1. 盐度是海水总含盐量的度量单位，海水盐度最低可小于 0.5（河口），最高可超过 40（红海）。

2. 海洋生物对海水盐度的变化有一定的适应范围，根据适应范围的大小，可分为狭盐性生物和广盐性生物两类。狭盐性生物对盐度变化很敏感，只能生活在盐度稳定的环境中，广盐性生物对海水盐度的变化有很大的适应性，能忍受海水盐度的剧烈变化。

三、仪器与材料

生物显微镜、血球计数板、250 mL 三角烧瓶、高压灭菌锅、恒温光照培养箱、移液枪和枪头、计数器、温度计、盐度计、pH 计、光合作用有效辐照测量仪、天平。

实验所用浮游植物同实验一，任选一种。

四、试剂配制

氯化钠、天然过滤海水、Lugol's 碘液（同实验一）。

五、实验步骤

1. 不同盐度海水的准备：取培养浮游植物栖息水域的天然过滤海水为母液，用蒸馏水和氯化钠配制成盐度范围为 15‰～40‰、盐度梯度为 5‰的培养液，同时使温度等其他环境因素保持在培养浮游植物的适宜范围内。

2. 以 250 mL 的锥形瓶为培养瓶，分别倒入 200 mL 不同盐度的培养液，每个盐度设置 3 个平行样，每一瓶初始浓度要大于等于 10^4 个/毫升。

3. 取样计数：自接种时开始，每天定时取样，取样时先将藻液充分摇匀，取 1.5 mL 藻液放在 2 mL 离心管里，加入 0.075 mL Lugol's 碘液固定，混匀，固定 10 min 后，以血球计数板（使用请见附录一）于显微镜下计数。每个样品取 3 个平行样进行计数，然后取平均值。

六、数据分析

计数结果填入表 3-2-1，以培养时间（t）为横坐标、种群密度（N_t）为纵坐标，绘制浮游植物在不同盐度下的数量变化曲线，分析浮游植物对盐度的适应范围和最适范围，了解盐度对浮游植物的影响。

表 3 - 2 - 1　种群生长密度记录　　　　　　（单位：个/毫升）

盐　　度	0	5	10	15	20	25	30	35	40
第一天									
第二天									
第三天									
第四天									
第五天									
第六天									
第七天									

实验三　温度对细菌呼吸作用的影响

一、实验目的

1. 测定细菌群落在适温范围内的呼吸速率，分析温度对细菌呼吸作用的影响。
2. 掌握用碘量法测定溶解氧。

二、实验原理

　　细菌的呼吸作用是水体浮游生物呼吸作用中溶解氧消耗的一个主要组成部分，海洋有机质的分解过程大多与海洋细菌的呼吸作用相关，异养微生物的呼吸作用是水体低氧区形成的一个重要过程。海洋生物的新陈代谢速率直接受温度的影响，在最适温度范围内，当温度升高时，细菌新陈代谢速率随之加快，呼吸速率（耗氧速率）也相应加快。

三、仪器与材料

　　培养箱、50 mL 溶解氧瓶、1 mL 移液枪及枪头、25mL 滴定管、铁架台、滴定管夹、50 mL 容量瓶、100 mL 锥形瓶、装有纯水的洗瓶。

四、试剂配制

试剂的配制见本章实验五。

五、实验步骤

1. 培养样品为自然水体（海水）中的细菌群落。

2. 取 50 mL 溶解氧瓶 12 只，用水样慢慢注满，取其中 3 只用碘量法立即固定瓶中溶解氧作为初始浓度。其余 9 只分别放在 10 ℃（3 只）、20 ℃（3 只）和 30 ℃（3 只）培养箱中恒温黑暗培养，培养 5 小时后用碘量法测定瓶中溶解氧的浓度。

六、数据分析

将溶解氧浓度结果填入表 3-3-1，并计算不同温度下的呼吸速率，从而分析不同温度对细菌呼吸作用的影响。

表 3-3-1　细菌呼吸作用速率

温　度	样 品 编 号	$V_{Na_2S_2O_3}$（mL）	DO（mg/L）	$\overline{DO}$（mg/L）	呼吸速率 $(DO_0 - DO)/\Delta t$
初始	1				—
	2				
	3				
10 ℃	4				
	5				
	6				
20 ℃	7				
	8				
	9				
30 ℃	10				
	11				
	12				

注：请注意数值的有效位数。

实验四　光照强度与浮游植物光合作用速率的关系

一、实验目的

1. 了解光照强度与浮游植物光合作用速率（产氧量）的关系，掌握用黑白瓶测量氧含量与计算光合作用总产量与净产量的方法。
2. 熟悉用碘量法测定溶解氧。

二、实验原理

1. 光强与浮游植物光合作用速率的关系（图3-4-1）。在低光照条件下，光合作用速率与光强成正比，随着光强的增强，光合作用速率逐渐达最大值，这时光强称为饱和光强（I_k）。光强继续增强，光合作用因光照过度而受抑制，光合作用速率开始下降，这种现象称为"光抑制"。不同种类浮游植物的饱和光强值不同。因此，浮游植物在适宜光强范围内，光照越强，光合作用速率越快，初级生产力越高。

在光抑制之前的曲线表达式为：

$$P_g = \frac{P_{max}[I]}{I_k + [I]}$$

P_g和P_{max}分别表示总生产速率和最大生产速率，I_k是当$P = P_{max}/2$的光强，称为光合作用的半饱和常数，I为现场光强。

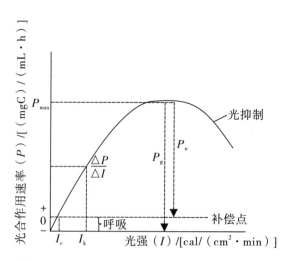

图3-4-1　光照强度与浮游植物光合作用的关系
注：引自 Parsons et al.，1984。

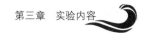

2. 光合作用速率的测定（"黑白瓶"测氧法）：

浮游植物光合作用可用下式简单表示：

$$CO_2 + H_2O \rightarrow (CH_2O) + O_2$$

在一定时间内，浮游植物在光合作用过程中吸收的 CO_2、释放的 O_2 和生成的有机物之间存在一定比例，因此，可由产氧量间接估算光合作用产量。

光合作用商（photosynthetic quotient，PQ）：表示浮游植物光合作用生产的 O_2 量（moles）与被吸收的 CO_2 量（moles）的比值。光合作用产物不同，PQ 值不同，如果光合作用只生成碳水化合物，则 PQ 值为 1；如果是生成脂类化合物，由于它比碳水化合物的还原性水平高，有多余的 O_2 可释出，所以 PQ 值为 1.2。若植物吸收新 N（$NO_3 - N$），则 PQ 值为 1.8；若植物吸收再循环 N（$NH_4 - N$），则 PQ 值仅为 1.0 或更低。由此可得下式：

$$P \left[mgC/ (L \cdot h) \right] = 3/8 \times O_2 \left[mg/ (L \cdot h) \right] \times 1/PQ。$$

"黑白瓶"测氧法：适用于生产力水平高的水域（如养殖水域）和实验室培养。将已知氧含量的水样（A）分别置于透光（白瓶 B）和不透光（黑瓶 C）的培养瓶中，在相同条件下培养一定时间，白瓶因光合作用而含氧量上升，黑瓶则因呼吸作用无光合作用而含氧量减少，因此，总初级产量 $P = B - C$，净产量 $P_n = B - A$。

三、仪器与材料

光照培养箱、50 mL 溶解氧瓶、1 mL 移液枪及枪头、25 mL 滴定管、铁架台、滴定管夹、50 mL 容量瓶、100 mL 锥形瓶、装有纯水的洗瓶、光合作用有效辐照测量仪。

实验所用浮游植物为甲藻（海洋原甲藻）、硅藻（骨条藻）、绿藻（扁藻、小球藻）等。

四、试剂配制

试剂的配制见本章实验五。

五、实验步骤

1. 实验组设置。初始组（A），5 个光照组（白瓶 B），1 个黑暗组（黑瓶 C），每组 3 个平行样。

2. 接种。以 50 mL 溶解氧瓶为培养容器，把自然水体和生长状况良好的浮游植物混合均匀，再倒入 21 个培养容器中，塞上塞子后，保证瓶内不能有气泡。

3. 培养。把 5 个光照组分别放在不同光照条件（弱光至强光）的培养箱中培养，光强用光合作用有效辐照测量仪测定，所得数据填入表 3 - 4 - 1。1 个黑暗组放在黑暗的培养箱中培养，所有培养箱温度相同。

4. 数据测定与计算。初始组在倒入样品时用碘量法固定并测定培养瓶中的溶解氧含量，光照组和黑暗组培养 5 h 后用碘量法固定并测定各组培养瓶中的溶解氧含量，填入表 3 - 4 - 2。

5. 如有条件可设置不同藻类进行培养，比较不同藻类在不同光照强度下光合作用速率的区别。

表 3 - 4 - 1　光照强度与浮游植物光合作用速率的关系

样　品	光照强度 $[uE/(m^2 \cdot s)]$	初始氧含量 (A) (mgO_2/L)	白瓶氧含量 (B) (mgO_2/L)	黑瓶氧含量 (C) (mgO_2/L)	总生产量 $P = B - C$ $[mgC/(L \cdot h)]$	净生产量 $P_n = B - A$ $[mgC/(L \cdot h)]$
光照 1						
光照 2						
光照 3						
光照 4						
光照 5						

注：$P [mgC/(L \cdot h)] = 3/8 \times O_2 (mg/L)/t \times 1/PQ$，其中，$t = 5$，$PQ = 1.2$。

表 3 - 4 - 2　测定数据记录

样　品	消耗 $Na_2S_2O_3$ 体积（mL）			平　均　值	溶解氧含量（mg/L）
	a	b	c		
初始					
光照 1					
光照 2					
光照 3					
光照 4					
光照 5					
黑瓶					

六、数据分析

根据光合作用速率公式计算总生产量和净生产量，填入表 3 - 4 - 1，以光照强度为横坐标、光合作用速率为纵坐标作图，绘制浮游植物在不同光照强度下光合作用速率的变化情况，了解光照强度与浮游植物光合作用速率的相互关系。

实验五　海水中溶解氧的测定（碘量法）

一、实验目的

1. 掌握碘量法测定海水溶解氧含量。
2. 熟悉化学试剂的配置及滴定的操作。

二、实验原理

在一定量的水中，加入适量的氯化锰及碱性碘化钾溶液后，生成的氢氧化锰白色沉淀被水中溶解氧氧化成为锰酸锰褐色沉淀：

$$2MnCl_2 + 4NaOH = 2Mn(OH)_2 \downarrow + 4NaCl$$

$$2Mn(OH)_2 + O_2 = 2H_2MnO_3$$

$$H_2MnO_3 + Mn(OH)_2 = MnMnO_3 \downarrow （褐色沉淀） + 2H_2O$$

加入浓硫酸使已化合的溶解氧（以 $MnMnO_3$ 的形式存在）与溶液所加入的碘化钾发生反应，而析出与溶解氧原子等摩尔数的碘分子：

$$2KI + H_2SO_4 = 2HI + K_2SO_4$$

$$MnMnO_3 + 2H_2SO_4 + 2HI = 2MnSO_4 + I_2 + 3H_2O$$

然后用硫代硫酸钠标准溶液滴定游离碘，最后换算成溶解氧的含量（碘量法）。

$$I_2 + 2Na_2S_2O_3 = 2NaI + Na_2S_4O_6$$

该法适用于大洋和近岸海水及河水、河口水溶解氧的测定。

三、仪器与材料

50 mL 溶解氧瓶、25 mL 溶解氧滴定管、250 mL 锥形烧瓶、50 mL 容量瓶、500 mL 容量瓶、1 000 mL 容量瓶、铁架台、滴定管夹、移液枪及枪头、电子天平、玻璃棒、500 mL 烧杯、酒精灯、石棉网、马弗炉。

四、试剂配制

1. （1+3）硫酸溶液。取 1 体积硫酸缓慢地加入 3 体积水中。

2. 氯化锰溶液。称取 210 g 氯化锰（$MnCl_2 \cdot 4H_2O$）溶于水，并稀释至 500 mL。

3. 碱性碘化钾溶液。称取 250 g 氢氧化钠（NaOH），在搅拌下溶于 250 mL 水中，冷却后，加入 75 g 碘化钾（化学纯，CP），稀释至 500 mL，盛于具橡皮塞的棕色试剂瓶中。

4. 淀粉溶液（$c = 5$ g/L）。称取 1 g 可溶性淀粉，用少量水搅成糊状，加入 100 mL 煮沸的水，混匀，继续煮至透明。冷却后加入 1 mL 乙酸，稀释至 200 mL，盛于试剂瓶中。

5. 碘酸钾标准溶液（$c = 0.0100$ mol/L）。将优级纯碘酸钾预先在 120 ℃烘 2 h，置于硅胶干燥器中冷却备用。称取 3.567 g 该纯碘酸钾（KIO_3），溶于水中，全量移入 1 000 mL 容量瓶中，加水至标线，混匀。置于冷暗处，有效期为 1 个月。使用时量取 10.00 mL 加水稀释至 100 mL。

6. 硫代硫酸钠溶液（$c = 0.01$ mol/L）配制及标定。

配制：称取 25 g 硫代硫酸钠（$Na_2S_2O_3 \cdot 5H_2O$），用刚煮沸冷却的水溶解，加入约 2 g 碳酸钠，移入棕色试剂瓶中，稀释至 10 L，混匀。置于阴凉处。

标定：移取 10.00 mL 碘酸钾标准溶液，沿瓶壁流入碘量瓶中，用少量水冲洗瓶壁，加入 0.5 g 碘化钾，沿壁注入 1.0 mL（1+3）硫酸溶液，塞好瓶塞，轻荡混匀，加少许水封口，在暗处放置 2 min。轻轻旋开瓶塞，沿壁加入 50 mL 水，在不断地振摇下，用硫代硫酸钠溶液滴定至溶液呈淡黄色，加入 1 mL 淀粉溶液，继续滴定至溶液蓝色刚褪去为止。重复标定，至两次滴定读数差小于 0.05 mL 为止。计算硫代硫酸钠标准溶液浓度（mol/L）。

五、实验步骤

（一）水样的固定

打开装好水样的溶解氧瓶瓶塞，立即定量依序注入 0.5 mL 氯化锰溶液和 0.5 mL 碱性碘化钾溶液（管尖插入液面），塞紧瓶塞（瓶内不准有气泡），按住瓶盖将瓶上下翻转不少于 20 次，使样品与固定液充分混匀。

（二）测定步骤

1. 水样固定后约 1 h 或沉淀完全（上清液与沉淀完全分层）后，便可进行滴定。

2. 向溶解氧瓶中加入 1.0 mL（1+3）硫酸溶液，塞紧瓶塞，振荡水样瓶至沉淀全部溶解。

3. 用 50 mL 容量瓶量取 50 mL 水样,将 50 mL 水样倒入 250 mL 锥形烧瓶中,并用纯水润洗 2 次容量瓶,把洗液都倒入锥形烧瓶中,将其置于磁力搅拌器上,立即搅拌,用已标定的硫代硫酸钠溶液滴定;没有磁力搅拌器时一边滴定一边用手不断晃动溶液以使试剂充分反应。

4. 待溶液呈淡黄色时,加 1 mL 淀粉溶液,继续滴定至蓝色褪去,待 20 s 后,如溶液不呈淡蓝色,即为终点。记录消耗的硫代硫酸钠溶液体积（V）。若用电位滴定仪,可直接得出消耗的硫代硫酸钠溶液体积（V）。

（三）空白试验

取 50 mL 海水,加入 1.0 mL（1+3）硫酸溶液、0.5 mL 碱性碘化钾溶液和 0.5 mL 氯化锰溶液,混合均匀,放置 10 min,加 1 mL 淀粉溶液,混匀。此时,若溶液呈现淡蓝色,继续用硫代硫酸钠溶液滴定。注意:如果硫代硫酸钠用量超出 0.1 mL,则应核查碘化钾和氯化锰试剂的可靠性并重新配制试剂。如果硫代硫酸钠用量小于或等于0.1 mL,或加入淀粉溶液后溶液不呈现淡蓝色,且加入 1 滴碘酸钾标准溶液后,溶液立即呈现蓝色,则试剂空白可以忽略不计。每批新配制试剂应进行一次空白试验。

六、数据分析

（一）水样中溶解氧浓度 ρ_{O_2} 的计算

$$\rho_{O_2} = \frac{c \times V \times 8}{V_0} \times 1\,000$$

式中,ρ_{O_2} 为水样中溶解氧浓度（mg/L）;c 为硫代硫酸钠溶液的浓度（mol/L）;V 为硫代硫酸钠溶液的滴定体积（mL）;V_0 为滴定用的实际水样体积（50 mL）。

（二）溶解氧饱和度（%）的计算

$$饱和度（\%）= \rho_{O_2}/\rho_{O_2}^0 \times 100$$

式中,ρ_{O_2} 为水样中溶解氧浓度（mg/L）;$\rho_{O_2}^0$ 为在现场水温和盐度下,氧在海水中的饱和浓度（mg/L）。

实验六　海洋初级生产力的测定（"黑白瓶"测氧法）

一、实验目的

1. 学习利用"黑白瓶"测氧法测定海洋初级生产力。
2. 熟悉用碘量法测定溶解氧。

二、实验原理

海洋初级生产力是评价水体富营养化水平的重要指标。"黑白瓶"测氧法是根据水中藻类和其他具有光合作用能力的水生生物，利用光能合成有机物，同时释放氧的生物化学原理，测定初级生产力的方法。该方法所反映的指标是每平方米垂直水柱的日平均生产力 $[g(O_2)／(m^2 \cdot d)]$。

三、仪器与材料

黑白瓶（容量为 250～300 mL，校准至 1 mL，可使用具塞、完全透明的温克勒瓶或其他适合的细口玻璃瓶，瓶肩最好是直的。每个瓶和瓶塞要有相同的编号。用称量法来测定每个细口瓶的体积。玻璃瓶用酸洗液浸泡 6 h 后，用蒸馏水清洗干净。黑瓶可用黑布或用黑漆涂在瓶外进行遮光，使之完全不透光）、采水器、照度计、水温计、吊绳和支架、测定溶解氧的全套器具。

四、试剂配制

试剂的配制见本章实验五。

五、实验步骤

采集水样之前先用照度计测定水体透光深度，如果没有照度计可用透明度盘测定水体透光深度。采水与挂瓶深度确定在表面照度 100%～1% 之间，可按照表面照度的 100%、50%、25%、10%、1% 选择采水与挂瓶的深度和分层。

水样采集：根据确定的采水分层和深度，采集不同深度的水样。每次采水至少同时用硅胶软管（或采水器下部出水管）注满 3 个实验瓶，即 1 个白瓶、1 个黑瓶、1 个初始瓶。每个实验瓶注满后先溢出 3 倍体积的水，以保证所有实验瓶中的溶解氧与采水器中的溶解氧完全一致。灌瓶完毕，将瓶盖盖好，立即对其中一个实验瓶（初始瓶）进行氧的固定，测定其溶解氧，该瓶溶解氧即为"初始溶解氧"。

将灌满水的白瓶和黑瓶悬挂在原采水处，曝光培养 24 h。挂瓶深度和分层应与采水深度和分层完全相同。各水层所挂的黑瓶、白瓶以及测定初始溶解氧的玻璃瓶应统一编号，做好记录。

曝光结束后，取出黑瓶、白瓶，立即加入 1 mL 氯化锰溶液和 1 mL 碱性碘化钾溶液，使用细尖的移液管将试剂加入液面之下，小心盖上塞子，避免带入空气。

将实验瓶颠倒转动数次，使瓶内成分充分混合，然后将实验瓶送至实验室测定溶解氧。初始瓶的溶解氧固定和室内测定方法与此相同。

六、数据分析

各水层日生产力 $[mg(O_2)/(m^2 \cdot d)]$ 计算方法：

$$总生产力 = 白瓶溶解氧 - 黑瓶溶解氧$$
$$净生产力 = 白瓶溶解氧 - 初始瓶溶解氧$$
$$呼吸作用量 = 初始瓶溶解氧 - 黑瓶溶解氧$$

每平方米水柱日生产力 $[mg(O_2)/(m^2 \cdot d)]$ 计算方法：

某水体某日的 0 m、2 m、10 m、20 m、30 m、50 m 处的总生产力分别是 20 mg $(O_2)/m^3$、40 mg $(O_2)/m^3$、20 mg $(O_2)/m^3$、10 mg $(O_2)/m^3$、5 mg $(O_2)/m^3$、0 mg $(O_2)/m^3$，则某水柱总生产力的计算见表 3-6-1。

表 3-6-1　水柱总生产力计算

水　层	1 m² 下水层体积 (m³/m²)	每升平均日生产量 $[mg/(m^3 \cdot d)]$	每 1 m² 以下各层生产力 $[mg(O_2)/(m^2 \cdot d)]$
0～2	2	(20 + 40) /2 = 30	30 × 2 = 60
2～10	8	(40 + 20) /2 = 30	30 × 8 = 240
10～20	10	(20 + 10) /2 = 15	15 × 10 = 150
20～30	10	(10 + 5) /2 = 7.5	7.5 × 10 = 75
30～50	20	(5 + 0) /2 = 2.5	2.5 × 20 = 50
0～50			575

第三节　营养盐添加实验

实验七　浮游植物对营养盐添加的响应

一、实验目的

1. 掌握海洋生态学实验的设计方法。
2. 了解海水中叶绿素 a 采样方法。
3. 了解海水主要营养盐采样方法。

二、实验原理

浮游植物生长是海水中营养物质消耗的第一步，影响着海水营养盐的分布状态。营养盐的浓度及其比例也对浮游植物的生物量、群落结构等起到调节作用。海水中能被浮游植物摄取的主要营养盐包括硝酸盐（$NO_3^- - N$）、亚硝酸盐（$NO_2^- - N$）、铵盐（$NH_4^+ - N$）、磷酸盐（$PO_4^{3-} - P$）、硅酸盐（$SiO_3^{2-} - Si$）等，它们对浮游植物的生长有着明显的控制作用。开展营养盐添加模拟实验为确定不同海区营养盐对浮游植物生长的影响提供了直接证据，是研究浮游植物营养盐限制最常用有效的方法。

浮游植物的数量可用叶绿素 a 的浓度来反映，用丙酮萃取法测定，硝酸盐含量用锌镉还原法测定，亚硝酸盐含量用重氮 – 偶氮法测定，铵盐含量用次溴酸钠氧化法测定，活性磷酸盐含量用磷钼蓝法测定，硅酸盐含量用硅钼蓝法测定。

三、仪器与材料

2 L 培养瓶、移液枪和枪头、抽滤装置（过滤器、过滤瓶、真空泵）、GF/F 滤膜、锡纸、镊子、60 mL 塑料瓶、分光光度计、光照培养箱。

四、试剂配制

1. 硝酸钾溶液（$c = 10\ 000$ μmol/L）。称取 1.011 g 硝酸钾（KNO_3，优级纯，预先在 110 ℃下烘 1 h，置于干燥器中冷却）溶于少量水中，用水稀释至 1 000 mL，混匀。贮于 1 000 mL 棕色试剂瓶中，于冰箱内保存。有效期为 6 个月。

2. 磷酸二氢钾溶液（$c = 10\,000$ μmol/L）。称取 1.360 9 g 磷酸二氢钾（KH_2PO_4，优级纯，在100 ~115 ℃烘 2 h，置于干燥器中冷却至室温），用少量水溶解后，全量转移至 1 000 mL 容量瓶中，用水稀释至标线，混匀。低温冷藏，有效期 6 个月。

五、实验步骤

1. 采样：取近岸的表层水样，用 200 μm 筛绢过滤水样，排除大型浮游动物的干扰。

2. 将水样分装到 4 个 2 L 的培养瓶中，分对照、加氮（添加 KNO_3 20 mL；$c_N = 100$ μmol/L）、加磷（添加 KH_2PO_4 1 mL；$c_P = 5$ μmol/L）、加氮磷（添加 KNO_3 20 mL 及 KH_2PO_4 1 mL；$c_N = 100$ μmol/L 及 $c_P = 5$ μmol/L）4 个实验组，每组 2 个平行样，放在光照培养箱中进行培养实验，记录培养条件。

3. 培养 14 天左右，每天采样一次。注意：培养瓶不可完全拧紧；每天轻摇培养瓶或放在有搅拌功能的培养空间里，以模拟水的动荡；水样放在光照相同的地方，尽量消除光照对浮游动植物的影响。每次采样前把培养海水充分摇匀。

4. 采样参数：叶绿素、营养盐。

把 GF/F 滤膜放在过滤器的黑色垫片上，用量筒量取 100 mL 水样，先取 10 mL 过滤，用于润洗过滤器和过滤瓶，滤液倒掉，再取 10 mL 润洗第二次；剩余 80 mL 再过滤，水样完全过滤后，取下滤膜，将滤膜放在锡纸上并对折，使滤膜对折后两部分贴合紧密，之后用锡纸包好（此时滤膜过滤体积为 100 mL），放在 -20 ℃冰箱保存至分析。将 80 mL 滤液分别装在 2 个酸洗过的 60 mL 的塑料瓶中，装瓶前注意用待装样品润洗 2 次，一瓶装 30 mL 左右用来测硝酸盐，剩下的装在另一瓶中用来测磷酸盐，贴好标签，瓶盖朝上放在 -20 ℃冰箱保存至分析。注意：随着培养天数的增加，可适当减少过滤体积，但至少过滤 50 mL，并记录过滤体积，其中 30 mL 水样用于测定磷酸盐，10 mL 水样用于测定硝酸盐。过滤时负压小于 50 kPa。

六、数据分析

测定的叶绿素、硝酸盐和磷酸盐结果填入表 3 - 7 - 1，以培养时间为横坐标、各参数为纵坐标作图，绘制浮游植物在不同营养盐添加下的变化情况，了解浮游植物对营养盐添加的响应。

表 3 – 7 – 1 　浮游植物对营养盐添加响应记录

实验组	对 照			+ P			+ N			+ NP		
时　间	叶绿素a浓度(μg/L)	硝酸盐含量(μmol/L)	磷酸盐含量(μmol/L)	叶绿素a浓度(μg/L)	硝酸盐含量(μmol/L)	磷酸盐含量(μmol/L)	叶绿素a浓度(μg/L)	硝酸盐含量(μmol/L)	磷酸盐含量(μmol/L)	叶绿素a浓度(μg/L)	硝酸盐含量(μmol/L)	磷酸盐含量(μmol/L)
第一天												
第二天												
第三天												
第四天												
第五天												
第六天												
第七天												
第八天												
第九天												
第十天												
第十一天												
第十二天												
第十三天												
第十四天												

实验八　叶绿素 a 的测定

一、实验目的

1. 掌握叶绿素 a 的测定方法。
2. 熟悉分光光度计的使用方法。

二、实验原理

　　叶绿素是植物光合作用的重要色素，浮游植物是海洋生态系统的初级生产者，而初级生产水平与叶绿素 a 浓度存在密切关系，因而往往用叶绿素 a 浓度来表示浮游植物的生物量。

　　叶绿素 a 的丙酮萃取液受蓝光激发产生红色荧光，过滤一定体积海水所得的浮游植物用90%丙酮提取其色素，使用分光光度计测得消光值后计算得出海水中叶绿素 a 浓度。

三、仪器与材料

分光光度计、15 mL 离心管及离心管架、定量加液器、离心机、超声波振荡器、镊子、移液枪、GF/F 滤膜。

四、试剂配制

丙酮溶液（90%）：丙酮和纯水按 9∶1 的比例配制。

五、实验步骤

1. 将截留有浮游植物的滤膜转移到 15 mL 离心管中，再加入 10 mL 90% 丙酮，盖紧盖子，超声波振荡（0 ℃，弱光）5 min 后，在 −20 ℃ 下黑暗提取 4 h（或 0 ℃下黑暗提取 12～24 h），取出样品放在室温、黑暗处约 0.5 h，使样品温度与室温一致，再于 5 000 r/min 左右条件下离心 5～10 min。注意：①操作过程中尽量避光，在通风橱中或通风条件良好的环境中进行；②加液要准确；③放入离心机的样品要配平；④离心后尽量避免剧烈晃动样品，以免沉淀物再悬浮。

2. 倾倒离心后的上清液到 1 cm 光程的分光光度计的比色皿中，以 90% 丙酮作空白对照，用分光光度计测定波长为 630 nm、647 nm、664 nm、750 nm 处的消光值，测定结果记录于表 3 − 8 − 1。注意：①拿取比色皿时，只能用手指接触两侧的毛玻璃面，避免接触光学面；②盛装溶液时，高度为比色皿的 2/3 处即可；③光学面如有残液可先用滤纸轻轻吸附，然后再用镜头纸擦拭；④不得将光学面与硬物或脏物接触；⑤比色皿用 90% 丙酮润洗两遍后再装下一个样品，测量结束后用纯水冲洗干净；⑥测样过程中注意避光。

表 3 − 8 − 1　叶绿素 a 测量记录

序　号	样品编号	E_{630}	E_{647}	E_{664}	E_{750}	丙酮体积（mL）	过滤海水体积（L）	叶绿素 a 浓度（μg/L）
1								
2								
3								
4								
5								
...								

（续上表）

序　号	样品编号	E_{630}	E_{647}	E_{664}	E_{750}	丙酮体积（mL）	过滤海水体积（L）	叶绿素 a 浓度（μg/L）
…								
…								
112								

注：14（天）×4（组）×2 平行样 = 112 个样品。

六、数据分析

用下式计算提取液中叶绿素 a 的浓度：

$$\rho_n(\text{Chl } a) = 11.85(E_{664} - E_{750}) - 1.54(E_{647} - E_{750}) - 0.08(E_{630} - E_{750})$$

式中，$\rho_n(\text{Chl } a)$ 为提取液中叶绿素 a 的质量浓度，单位为 μg/mL；E 是上述不同波长下所测的消光值（以 750 nm 读数校正）。

计算水体中叶绿素 a 的浓度：

$$\rho(\text{Chl } a) = \frac{\rho_n(\text{Chl } a) \cdot V_1}{V_2}$$

式中，$\rho(\text{Chl } a)$ 是水体中叶绿素 a 的浓度（单位：μg/L = mg/m^3）；V_1 为丙酮毫升数（10 mL）；V_2 是过滤海水体积（L）。

根据实验结果，以培养时间为横坐标、叶绿素 a 的浓度为纵坐标作图，了解浮游植物在不同营养盐添加下的生长变化情况。

实验九　海水中亚硝酸盐的测定

一、实验目的

1. 掌握重氮 – 偶氮法测定亚硝酸盐的基本原理。
2. 掌握样品的采集、保存和测定的操作过程及注意事项。
3. 熟悉分光光度计的使用。

二、实验原理

在酸性（pH = 2）条件下，水样中的亚硝酸盐与对氨基苯磺酰胺进行重氮化反应，反应产物与 1 - 萘替乙二胺二盐酸盐作用，生成深红色偶氮染料，于 543 nm 波长处进行分光光度测定。

三、仪器与材料

分光光度计、100 mL 容量瓶、1 mL 移液枪和枪头、25 mL 带刻度具塞比色管及架、定量加液器（1 mL）。

四、试剂配制

除另有说明外，本法中所用试剂均为分析纯，水为超纯水。

1. 盐酸溶液（体积分数为 14%）。量取 100 mL 盐酸（HCl，$c = 1.18$ g/mL）与 600 mL 水混匀。

2. 对氨基苯磺酰胺溶液（$c = 10$ g/L）。称取 5.0 g 对氨基苯磺酰胺（$NH_2SO_2C_6H_4NH_2$）溶于 350 mL 盐酸溶液中，用水稀释至 500 mL，混匀。贮于棕色玻璃瓶中，有效期 2 个月。

3. 1 - 萘替乙二胺二盐酸盐溶液（$c = 1.0$ g/L）。称取 0.5 g 1 - 萘替乙二胺二盐酸盐（$C_{10}H_7NHCH_2CH_2NH_2 \cdot 2HCl$），用少量水溶解后，稀释至 500 mL，混匀。贮于棕色玻璃瓶中，低温保存（如出现棕色时应重配）。警告——试剂具有毒性，小心操作！

4. 亚硝酸盐标准溶液。

（1）亚硝酸盐标准贮备溶液（$c = 10\ 000$ μmol/L）：称取 0.6900 g 亚硝酸钠（$NaNO_2$，优级纯，预先在 110 ℃下烘干 1 h，置于干燥器中冷却至室温），用少量水溶解后，全量转移至 1 000 mL 容量瓶中，用水稀释至标线，加 1.0 mL 三氯甲烷，混匀。避光低温保存，有效期 2 个月。

（2）亚硝酸盐标准使用溶液（$c = 50$ μmol/L）：吸取 0.5 mL 亚硝酸盐标准贮备溶液于 100 mL 容量瓶中，用水稀释至标线，混匀。使用前配制，可稳定 4 h。

五、实验步骤

（一）绘制标准工作曲线

1. 取 6 个 100 mL 容量瓶，分别加入 0 mL、0.50 mL、1.00 mL、2.00 mL、4.00 mL、8.00 mL 亚硝酸盐标准使用溶液，加超纯水至标线，混匀；此标准溶液亚硝酸盐 - 氮的浓度依次为 0 μmol/L、0.25 μmol/L、0.50 μmol/L、1.00 μmol/L、2.00 μmol/L、4.00 μmol/L。

2. 将上述标准溶液系列分别量取 25.0 mL 转移到一组干燥的 25 mL 具塞比色管

中，各加入 0.5 mL 对氨基苯磺酰胺溶液，混匀，放置 5 min。然后，加入 0.5 mL 1 - 萘替乙二胺二盐酸盐溶液，混匀，放置 15 min，颜色可稳定 4 h。

3. 颜色稳定后，在分光光度计上用 1 cm 比色皿，以超纯水为参比，于 543 nm 波长处测定吸光值 A_n。

4. 以吸光值 A_n 为纵坐标，亚硝酸盐 - 氮的浓度 c_n 为横坐标，绘制标准曲线。用线性回归法求出标准曲线截距 a 和斜率 b。

测定结果记录于标准曲线记录表 3 - 9 - 1。

表 3 - 9 - 1　亚硝酸盐标准曲线测定记录

标准曲线绘制日期：　　年　　月　　日						
序号	1	2	3	4	5	6
添加标准使用溶液体积（mL）	0	0.50	1.00	2.00	4.00	8.00
标准溶液系列浓度 c_n（μmol/L）	0	0.25	0.50	1.00	2.00	4.00
标准溶液吸光值 A_n						

备注：

标准使用溶液浓度：＿＿＿＿＿＿＿＿＿　　标准曲线回归方程：

仪器型号：＿＿＿＿＿＿＿＿＿＿＿

测定波长：＿＿＿＿＿＿＿　nm　　截距 a =

比色皿：＿＿＿＿＿＿＿＿＿　cm　　斜率 b =

　　　　　　　　　　　　　　　　相关系数：

附标准曲线图

　　　　　　　　　　　　　　　　绘制者：　　　　　校对者：

（二）水样测定

1. 量取 25.0 mL 水样于 25 mL 带刻度具塞比色管。
2. 按照标准曲线操作步骤测量水样的吸光值 A_w。
3. 将测定数据记录于表 3 - 9 - 2。

表 3 - 9 - 2　亚硝酸盐测定记录

序　号	样 品 编 号	样品吸光值 A_w	$c_{NO_2^- - N}$（μmol/L）
1			
2			
3			
4			
5			
…			
…			
…			
112			

注：14（天）×4（组）×2 平行样 =112 个样品。

六、数据分析

利用标准曲线按下式计算水样中的亚硝酸盐 - 氮浓度：

$$c_{NO_2^- - N} = \frac{A_w - a}{b}$$

式中，$c_{NO_2^- - N}$ 为水样中亚硝酸盐 - 氮的浓度（单位：μmol/L）；A_w 为水样中亚硝酸盐的吸光值；a 为标准曲线中的截距；b 为标准曲线中的斜率。

根据实验结果，以培养时间为横坐标、亚硝酸盐的浓度为纵坐标作图，了解亚硝酸盐被浮游植物吸收的变化情况。

实验十　海水中硝酸盐的测定

一、实验目的

1. 掌握锌镉还原法测定硝酸盐的基本原理。
2. 掌握样品的采集、保存和测定的操作过程及注意事项。
3. 熟悉分光光度计的使用。

二、实验原理

用镀镉的锌片将水样中的硝酸盐定量地还原为亚硝酸盐，再用重氮 - 偶氮法测定

水样中的总亚硝酸盐，然后对原有的亚硝酸盐进行校正，计算硝酸盐含量。

三、仪器与材料

分光光度计、100 mL 容量瓶、1 mL 移液枪和枪头、25 mL 带刻度具塞比色管及架、往返式电动振荡器（频率为 150～250 r/min）。

四、试剂配制

除另有说明外，本法中所用试剂均为分析纯，水为超纯水。

1. 锌片。将纯度 99.99%、厚度 0.1 mm 的锌片裁成 5.0 cm × 3.0 cm 的小片，卷成内径约 1.5 cm 的锌卷。注意：①锌片表面光洁明亮，无边角毛刺、残缺，无腐蚀斑点；②锌片剪裁前应用纱布仔细擦净表面；③卷好的锌片之间最好不要有接触，以保证锌片与水样的最大接触面积。

2. 氯化镉溶液（$c = 20$ g/L）。称取 20.0 g 氯化镉（$CdCl_2 \cdot 5/2H_2O$）溶于水并稀释至 1 000 mL，混匀。盛于试剂瓶中。警告——试剂剧毒，小心操作！

3. 对氨基苯磺酰胺溶液（$c = 10$ g/L）。称取 5 g 对氨基苯磺胺（$NH_2SO_2C_6H_4NH_2$）溶于 350 mL 盐酸溶液（体积分数为 14%）中，用水稀释至 500 mL，混匀。贮于棕色玻璃瓶中。

4. 1 - 萘替乙二胺二盐酸盐溶液（$c = 1$ g/L）。称取 0.5 g 1 - 萘替乙二胺二盐酸盐（$C_{10}H_7NHCH_2CH_2NH_2 \cdot 2HCl$），用少量水溶解后，稀释至 500 mL，混匀。贮于棕色玻璃瓶中。

5. 硝酸盐标准溶液。

（1）硝酸盐标准贮备溶液（$c = 10\ 000$ μmol/L）：称取 1.011 g 硝酸钾（KNO_3，优级纯，预先在 110 ℃ 下烘 1 h，置于干燥器中冷却）溶于少量水中，用水稀释至 1 000 mL，混匀。加 1 mL 三氯甲烷（$CHCl_3$），混合。贮于 1 000 mL 棕色试剂瓶中，于冰箱内保存，有效期 6 个月。

（2）硝酸盐标准使用溶液（$c = 400$ μmol/L）：移取 4 mL 硝酸盐标准贮备溶液于 100 mL 容量瓶中，用水稀释至标线，混匀。使用前配制。

五、实验步骤

（一）绘制标准工作曲线

1. 取 6 个 100 mL 容量瓶，分别加入 0 mL、0.50 mL、1.00 mL、1.50 mL、2.50 mL、4.00 mL 硝酸盐标准使用溶液，加超纯水至标线，混匀；此标准溶液硝酸盐 - 氮浓度依次为 0 μmol/L、2.00 μmol/L、4.00 μmol/L、6.00 μmol/L、

$10.00\ \mu mol/L$、$16.00\ \mu mol/L$。

2. 将上述标准溶液系列分别量取 25.0 mL 转移到一组干燥的 25 mL 具塞比色管中，向每个瓶中放入一个锌卷，加入 0.50 mL 氯化镉溶液，迅速放在振荡器上振荡 10 min。振荡后迅速将瓶中的锌卷取出。注意：锌卷在比色管底部不太好取，可将比色管倾斜至一定角度，锌卷滑至靠近管口位置，再用镊子取出。

3. 加入 0.50 mL 对氨基苯磺酰胺溶液，混匀，放置 5 min，再加入 0.50 mL 1 - 萘替乙二胺二盐酸溶液，混匀，放置 15 min，颜色可稳定 4 h。

4. 颜色稳定后，在分光光度计上用 1 cm 比色皿，以超纯水为参比，于 543 nm 波长处测定吸光值 A_n。

5. 以吸光值 A_n 为纵坐标，硝酸盐 - 氮的浓度 c_n 为横坐标绘制标准曲线，并用线性回归法求出标准曲线截距 a 和斜率 b。

测定结果记录于标准曲线记录表 3 - 10 - 1。

表 3 - 10 - 1　硝酸盐标准曲线测定记录

标准曲线绘制日期：　　年　　月　　日						
序号	1	2	3	4	5	6
添加标准使用溶液体积（mL）	0	0.50	1.00	1.50	2.50	4.00
标准溶液系列浓度 c_n（μmol/L）	0	2.00	4.00	6.00	10.00	16.00
标准溶液吸光值 A_n						

备注：

标准使用溶液浓度：_____　　　　标准曲线回归方程：

仪器型号：_____

测定波长：_____ nm　　　　截距 a =

比色皿：_____ cm　　　　斜率 b =

　　　　　　　　　　　　　　　相关系数：

附标准曲线图

　　　　　　　　　　　　　　　绘制者：　　　　校对者：

（二）水样测定

1. 取 1.0 mL 水样于 25 mL 带刻度具塞比色管，加 24.0 mL 超纯水。

2. 按照标准曲线操作步骤测量水样的吸光值 A_w。

3. 将测定数据记录于表 3 - 10 - 2。

表 3 – 10 – 2　硝酸盐 + 亚硝酸盐测定记录

序　号	样 品 编 号	样品吸光值 A_w	$c_{NO_3^- + NO_2^- - N}$（μmol/L）
1			
2			
3			
4			
5			
…			
…			
112			

注：14（天）×4（组）×2 平行样 = 112 个样品。

六、数据分析

利用标准曲线按下式计算水样中的硝酸盐和亚硝酸盐 – 氮浓度：

$$c_{NO_3^- + NO_2^- - N} = \frac{A_w - a}{b} \times 25$$

式中，$c_{NO_3^- + NO_2^- - N}$ 为水样中硝酸盐 + 亚硝酸盐的浓度（单位：μmol/L）；A_w 为水样中硝酸盐 + 亚硝酸盐的吸光值；a 为标准曲线中的截距；b 为标准曲线中的斜率。25 是稀释倍数，注意计算浓度的时候要乘回稀释倍数。根据样品浓度调整稀释倍数。

注意：此值减去亚硝酸盐浓度才是硝酸盐浓度。

根据实验结果，以培养时间为横坐标、硝酸盐的浓度为纵坐标作图，了解硝酸盐被浮游植物吸收的变化情况。

实验十一　海水中铵盐的测定

一、实验目的

1. 掌握次溴酸钠氧化法测定铵盐的基本原理。
2. 掌握样品的采集、保存和测定的操作过程及注意事项。
3. 熟悉分光光度计的使用。

二、实验原理

在碱性条件下，次溴酸钠将海水中的铵定量氧化为亚硝酸盐，用重氮 – 偶氮法测定生成亚硝酸盐和水样中原有的亚硝酸盐，然后，对水样中原有的亚硝酸盐进行校正，计算铵氮的浓度。

三、仪器与材料

分光光度计、100 mL 容量瓶、1 mL 移液枪和枪头、25 mL 带刻度具塞比色管及架。

四、试剂配制

除另有说明外，本法中所用试剂均为分析纯，水为超纯水。

1. 氢氧化钠溶液（$c = 400$ g/L）。称取 400 g 氢氧化钠（NaOH，优级纯），溶于 2 000 mL 超纯水中，蒸煮浓缩至 1 000 mL，冷却后，贮于聚乙烯瓶中。盖紧瓶塞。

2. 盐酸溶液（体积分数为 50%）。量取 500 mL 盐酸（HCl，$c = 1.18$ g/mL，应保证浓度符合要求）和 500 mL 水混合，贮于试剂瓶中。

3. 溴酸钾－溴化钾溶液。称取 2.8 g 溴酸钾（$KBrO_3$）和 20.0 g 溴化钾（KBr）溶于 1 000 mL 超纯水中，低温保存，此溶液有效期 1 年。

4. 次溴酸钠氧化剂溶液。吸取 1.0 mL 溴酸钾－溴化钾溶液于棕色试剂瓶中，加入 49 mL 水，加入 3.0 mL 盐酸溶液，迅速盖上瓶盖，混匀，置于暗处 5 min，加入 50 mL 氢氧化钠溶液，混匀。使用前配制，此溶液在 35 ℃ 以下可稳定 8 h。

5. 对氨基苯磺酰胺溶液（$c = 2.0$ g/L）。称取 1.0 g 对氨基苯磺酰胺（$NH_2SO_2C_6H_4NH_2$）溶于 500 mL 盐酸溶液中，贮于棕色试剂瓶中。

6. 1－萘替乙二胺二盐酸盐溶液（$c = 1.0$ g/L）。称取 0.5 g 1－萘替乙二胺二盐酸盐（$C_{10}H_7NHCH_2CH_2NH_2 \cdot 2HCl$），用少量水溶解后，稀释至 500 mL，混匀。贮于棕色玻璃瓶中，低温保存（如溶液出现棕色时应重配）。

7. 铵盐标准液。

（1）铵盐标准贮备溶液（$c = 10\ 000$ μmol/L）：称取 0.5349 g 氯化铵（NH_4Cl，预先在 100 ℃ 烘 1 h，置于干燥器中冷却至室温），用少量水溶解后，全量转移至 1 000 mL 容量瓶中，用水稀释至标线，加 1.0 mL 三氯甲烷，混匀。低温冷藏，有效期为 6 个月。

（2）铵盐标准使用溶液（$c = 100$ μmol/L）：移取 1.00 mL 铵盐标准贮备溶液于 100 mL 容量瓶中，用水稀释至标线，混匀，有效期为 1 天。

五、实验步骤

（一）绘制标准工作曲线

1. 在 6 个 100 mL 容量瓶中，分别移入铵盐标准使用溶液 0 mL、0.50 mL、

1.00 mL、2.50 mL、5.00 mL、8.00 mL，用超纯水稀释至标线，混匀。此标准溶液铵盐浓度依次为 0 μmol/L、0.50 μmol/L、1.00 μmol/L、2.50 μmol/L、5.00 μmol/L、8.00 μmol/L。

2. 取 6 个 25 mL 比色管，分别依次移入 25.0 mL 上述标准系列溶液，加入 2.5 mL 次溴酸钠氧化剂溶液，混匀，放置 30 min。

3. 加入 2.5 mL 对氨基苯磺酰胺溶液，混匀，放置 5 min。然后加入 0.5 mL 1 - 萘替乙二胺二盐酸盐溶液，充分混匀，放置 15 min。颜色可稳定 4 h。

4. 显色 10 min 后，在分光光度计上，用 1 cm 比色皿，以超纯水作参照液，于 543 nm 波长处测量吸光值 A_n。

5. 以吸光值 A_n 为纵坐标、标准溶液系列铵盐浓度 c_n 为横坐标，绘制标准曲线，并用线性回归法求出该曲线的截距 a 和斜率 b。

将测定结果记录于标准曲线记录表 3 - 11 - 1。

表 3 - 11 - 1　铵盐标准曲线测定记录

标准曲线绘制日期：　　年　　月　　日						
序号	1	2	3	4	5	6
添加标准使用溶液体积（mL）	0	0.50	1.00	2.50	5.00	8.00
标准溶液系列浓度 c_n（μmol/L）	0	0.50	1.00	2.50	5.00	8.00
标准溶液吸光值 A_n						

备注：

标准使用溶液浓度：＿＿＿＿＿＿＿＿　　标准曲线回归方程：

仪器型号：＿＿＿＿＿＿＿＿＿＿＿＿

测定波长：＿＿＿＿＿＿＿＿ nm　　截距 $a =$

比色皿：＿＿＿＿＿＿＿＿＿＿ cm　　斜率 $b =$

相关系数：

附标准曲线图

绘制者：　　　　　校对者：

（二）水样测定

1. 量取 25.0 mL 水样于 25 mL 带刻度具塞比色管。
2. 按照标准曲线操作步骤测量水样的吸光值 A_w。
3. 将测定数据记录于表 3 – 11 – 2。

表 3 – 11 – 2　铵盐测定记录

序　号	样　品　编　号	样品吸光值 A_w	$c_{NH_4^+ - N}$（μmol/L）
1			
2			
3			
4			
5			
…			
…			
112			

注：14（天）×4（组）×2 平行样 =112 个样品。

六、数据分析

利用标准曲线按下式计算水样中铵盐 – 氮浓度：

$$c_{NH_4^+ - N} = \frac{A_w - a}{b} - c_{NO_2^- - N}$$

式中，$c_{NH_4^+ - N}$ 为水样中铵盐 – 氮的浓度（单位：μmol/L）；A_w 为水样中铵盐的吸光值；a 为标准曲线中的截距；b 为标准曲线中的斜率；$c_{NO_2^- - N}$ 为水样中亚硝酸盐的浓度（单位是 μmol/L）。

根据实验结果，以培养时间为横坐标、铵盐的浓度为纵坐标作图，了解铵盐被浮游植物吸收的变化情况。

实验十二　海水中磷酸盐的测定

一、实验目的

1. 掌握抗坏血酸还原磷钼蓝法测定活性磷酸盐的基本原理。

2. 掌握样品的采集、保存和测定的操作过程及注意事项。

3. 熟悉分光光度计的使用。

二、实验原理

在酸性介质中，活性磷酸盐与钼酸铵反应生成磷钼黄络合物，在酒石酸锑钾存在的情况下，磷钼黄络合物被抗坏血酸还原为磷钼蓝络合物，于 882 nm 波长处进行分光光度测定。

三、仪器与材料

分光光度计、100 mL 容量瓶、1 mL 移液枪和枪头、25 mL 带刻度具塞比色管及架。

四、试剂配制

除另有说明外，本法中所用试剂均为分析纯，水为超纯水。

1. 硫酸溶液（体积分数为 17%）。在水浴冷却和不断搅拌下，将 60 mL 硫酸（H_2SO_4，$c = 1.84$ g/mL）缓慢加入 300 mL 水中，贮存于玻璃瓶中。

2. 钼酸铵溶液（$c = 30.0$ g/L）。称取 15.0 g 钼酸铵 $[(NH_4)_6Mo_7O_{24} \cdot 4H_2O]$ 溶于水中并稀释至 500 mL，贮于聚乙烯瓶中，避光保存。

3. 抗坏血酸溶液（$c = 54.0$ g/L）。称取 5.40 g 抗坏血酸（$C_6H_8O_6$）溶于水中并稀释至 100 mL。此液贮于聚乙烯瓶中，避免阳光直射，有效期为 1 个星期。在 5 ~ 6 ℃下低温保存，可稳定 1 个月。

4. 酒石酸锑钾溶液（$c = 1.4$ g/L）。称取 1.4 g 酒石酸锑钾（$KSbO \cdot C_4H_4O_6 \cdot 1/2H_2O$）溶于水中并稀释至 1 000 mL，贮于聚乙烯瓶中，有效期为 6 个月。

5. 硫酸－钼酸铵－酒石酸锑钾混合溶液。依次量取 100 mL 硫酸溶液、40 mL 钼酸铵溶液、20 mL 酒石酸锑钾溶液，混合均匀。临用时配制。

6. 磷酸盐标准液。

（1）磷酸盐标准贮备溶液（$c = 10\ 000$ μmol/L）：称取 1.3609 g 磷酸二氢钾（KH_2PO_4，优级纯，在 100 ~ 115 ℃烘 2 h，置于干燥器中冷却至室温），用少量水溶解后，全量转移至 1 000 mL 容量瓶中，用水稀释至标线，混匀。低温冷藏，有效期为 6 个月。

（2）磷酸盐标准使用溶液（$c = 100$ μmol/L）：移取 1 mL 磷酸标准贮备溶液于 100 mL 容量瓶中，用水稀释至标线，混匀，贮存于棕色玻璃瓶中，有效期为 1 天。

五、实验步骤

（一）绘制标准工作曲线

1. 在 6 个 100 mL 容量瓶中，分别移入磷酸盐标准使用溶液 0 mL、1.00 mL、2.00 mL、3.00 mL、4.00 mL、5.00 mL，用超纯水稀释至标线，混匀。此标准溶液系列磷酸盐浓度依次为 0 μmol/L、1.00 μmol/L、2.00 μmol/L、3.00 μmol/L、4.00 μmol/L、5.00 μmol/L。

2. 取 6 个 25 mL 比色管，分别依次移入 25.0 mL 上述标准系列溶液，各加入 2.0 mL 硫酸 – 钼酸铵 – 酒石酸锑钾混合溶液和 0.5 mL 抗坏血酸溶液，混匀。

3. 显色 10 min 后，在分光光度计上，用 1 cm 比色皿，以超纯水作参照液，于 882 nm 波长处测量吸光值 A_n。

4. 以吸光值 A_n 为纵坐标、标准溶液系列磷酸盐浓度 c_n 为横坐标，绘制标准曲线，并用线性回归法求出该曲线的截距 a 和斜率 b。

测定结果记录于标准曲线记录表 3 – 12 – 1。

表 3 – 12 – 1 活性磷酸盐标准曲线测定记录

标准曲线绘制日期： 年 月 日						
序号	1	2	3	4	5	6
添加标准使用溶液体积（mL）	0	1.00	2.00	3.00	4.00	5.00
标准溶液系列浓度 c_n（μmol/L）	0	1.00	2.00	3.00	4.00	5.00
标准溶液吸光值 A_n						

备注：

标准使用溶液浓度：＿＿＿＿＿＿＿＿　　标准曲线回归方程：

仪器型号：＿＿＿＿＿＿＿＿＿＿

测定波长：＿＿＿＿＿＿＿＿ nm　　截距 a =

比色皿：＿＿＿＿＿＿＿＿ cm　　斜率 b =

　　　　　　　　　　　　　　　　　相关系数：

附标准曲线图

　　　　　　　　　　　　　　绘制者：　　　　　　校对者：

（二）水样测定

1. 量取 25.0 mL 水样于 25 mL 比色管中。
2. 按照标准曲线操作步骤测量水样的吸光值 A_w。
3. 将测定数据记录于表 3 - 12 - 2。

表 3 - 12 - 2　活性磷酸盐测定记录

序　号	样 品 编 号	样品吸光值 A_w	$c_{PO_4^{3-}-P}$（μmol/L）
1			
2			
3			
4			
5			
…			
…			
112			

注：14（天）×4（组）×2 平行样 = 112 个样品。

六、数据分析

利用标准曲线按下式计算水样中的磷酸盐 - 磷浓度：

$$c_{PO_4^{3-}-P} = \frac{A_w - a}{b}$$

式中，$c_{PO_4^{3-}-P}$ 为水样中磷酸盐的浓度（单位：μmol/L）；A_w 为水样中磷酸盐的吸光值；a 为标准曲线中的截距；b 为标准曲线中的斜率。

根据实验结果，以培养时间为横坐标、磷酸盐的浓度为纵坐标作图，了解磷酸盐被浮游植物吸收的变化情况。

实验十三　海水中硅酸盐的测定

一、实验目的

1. 掌握硅钼蓝法测定硅酸盐的基本原理。

2. 掌握样品的采集、保存和测定的操作过程及注意事项。

3. 熟悉分光光度计的使用。

二、实验原理

水样中的活性硅酸盐在弱酸性条件下与钼酸铵生成黄色的硅钼黄络合物后，用对甲替氨基酚硫酸盐（米吐尔）－亚硫酸钠将硅钼黄络合物还原为硅钼蓝络合物，于 812 nm 波长处进行分光光度测定。

三、仪器与材料

分光光度计、100 mL 容量瓶、1 mL 移液枪和枪头、25 mL 带刻度具塞比色管及架。

四、试剂配制

除另有说明外，本法中所用试剂均为分析纯，水为超纯水。

1. 酸性钼酸铵溶液（$c = 8.0$ g/L）。称取 8.0 g 钼酸铵［$(NH_4)_6Mo_7O_{24} \cdot 4H_2O$］溶于 600 mL 水中，加 24.0 mL 盐酸（HCl，$c = 1.18$ g/mL），稀释至 1 000 mL，置于聚乙烯瓶中，避光存放。若容器壁出现大量沉积物，应弃之不用。

2. 草酸溶液（$c = 100$ g/L）。称取 10 g 草酸（$H_2C_2O_4 \cdot 2H_2O$）溶于水，稀释至 100 mL，贮于聚乙烯瓶中。

3. 硫酸溶液（体积分数为 25%）。在搅拌和水浴冷却下，将 100 mL 硫酸（H_2SO_4，$c = 1.84$ g/mL）缓慢地加入300 mL水中，冷却后贮于聚乙烯瓶中。

4. 对甲替氨基酚硫酸盐－亚硫酸钠溶液。称取 5.0 g 对甲替氨基酚硫酸盐（米吐尔）［$(CH_3NHC_6H_4OH)_2 \cdot H_2SO_4$］，溶于 240 mL 水中，加 3.0 g 无水亚硫酸钠（Na_2SO_3），溶解后稀释至 250 mL，过滤，存于棕色瓶中，盖紧。此溶液不稳定，易变质，最长可存放 1 个月。

5. 混合还原剂。将 100 mL 对甲替氨基酚硫酸盐－亚硫酸钠溶液和 60 mL 草酸溶液混合，加 120 mL 硫酸溶液，混匀，冷却后稀释至 300 mL，贮于聚乙烯瓶中。此溶液应使用前配制。

6. 硅酸盐标准溶液。

（1）硅酸盐标准贮备溶液（$c = 10\ 000$ μmol/L）：将氟硅酸钠（Na_2SiF_6，优级纯）在 105 ℃下烘干 1 h，取出置于干燥器中冷却至室温。称取 1.880 8 g 于聚乙烯瓶中，加入约 300 mL 无硅水，搅拌至完全溶解，全量转移至 1 000 mL 容量瓶中，加水至标线。

（2）硅酸盐标准使用溶液（$c = 500$ μmol/L）：移取 5 mL 硅酸盐标准贮备溶液于 100 mL 容量瓶中，用水稀释至标线，混匀。使用前配制。

五、实验步骤

（一）绘制标准工作曲线

1. 取 6 个 100 mL 容量瓶，分别加入 0 mL、1.00 mL、2.00 mL、3.00 mL、4.00 mL、5.00 mL 硅酸盐标准使用溶液，加超纯水至标线，混匀。此标准溶液硅酸盐浓度依次为 0 μmol/L、5.00 μmol/L、10.00 μmol/L、15.00 μmol/L、20.00 μmol/L、25.00 μmol/L。

2. 将上述标准溶液系列分别量取 12.5 mL 转移到一组干燥的 25 mL 具塞比色管中，各加入 5.0 mL 酸性钼酸铵溶液。放置 10 min（但不得超过 30 min）后，各加入 7.5 mL 混合还原剂，混匀。

3. 30～40 min 颜色稳定后，在分光光度计上用 1 cm 比色皿，以超纯水为参比，于 812 nm 波长处测定吸光值 A_n。

4. 以吸光值 A_n 为纵坐标，硅酸盐－硅的浓度 c_n 为横坐标绘制标准曲线，并用线性回归法求出标准曲线截距 a 和斜率 b。

测定结果记录于标准曲线记录表 3－13－1。

表 3－13－1　硅酸盐标准曲线测定记录

标准曲线绘制日期：　　年　　月　　日						
序号	1	2	3	4	5	6
添加标准使用溶液体积（mL）	0	1.00	2.00	3.00	4.00	5.00
标准溶液系列浓度 c_n（μmol/L）	0	5.00	10.00	15.00	20.00	25.00
标准溶液吸光值 A_n						

备注：

标准使用溶液浓度：＿＿＿＿＿＿＿＿＿　　标准曲线回归方程：

仪器型号：＿＿＿＿＿＿＿＿＿

测定波长：＿＿＿＿＿＿＿＿ nm　　　　截距 $a =$

比色皿：＿＿＿＿＿＿＿＿ cm　　　　　斜率 $b =$

相关系数：

附标准曲线图

绘制者：　　　　　　　校对者：

（二）水样测定

1. 量取 0.5 mL 水样于 25 mL 带刻度具塞比色管，加入 12 mL 超纯水。
2. 按照标准曲线操作步骤测量水样的吸光值 A_w。
3. 将测定数据记录于表 3 - 13 - 2。

表 3 - 13 - 2　硅酸盐测定记录

序　号	样 品 编 号	样品吸光值 A_w	$c_{SiO_3^{2-}-Si}$（μmol/L）
1			
2			
3			
4			
5			
…			
…			
112			

注：14（天）×4（组）×2 平行样 = 112 个样品。

六、数据分析

利用标准曲线按下式计算水样中的硅酸盐 - 硅浓度：

$$c_{SiO_3^{2-}-Si} = \frac{A_w - a}{b} \times 25$$

式中，$c_{SiO_3^{2-}-Si}$ 为水样中硅酸盐的浓度（单位：μmol/L）；A_w 为水样中硅酸盐的吸光值；a 为标准曲线中的截距；b 为标准曲线中的斜率。

根据实验结果，以培养时间为横坐标、硅酸盐的浓度为纵坐标作图，了解硅酸盐被浮游植物吸收的变化情况。

实验十四　海水中总磷的测定

一、实验目的

1. 掌握过硫酸钾氧化法测定总磷的基本原理。
2. 掌握样品的采集、保存和测定的操作过程及注意事项。
3. 熟悉分光光度计的使用。

二、实验原理

海水样品在酸性和 $110 \sim 120$ ℃条件下，用过硫酸钾氧化，有机磷化合物被转化为无机磷酸盐，无机聚合态磷水解为正磷酸盐。消化过程产生的游离氯，以抗坏血酸还原。消化后水样中的正磷酸盐与钼酸铵形成磷钼黄。在酒石酸锑钾存在的情况下，磷钼黄被抗坏血酸还原为磷钼蓝，于 882 nm 波长处进行分光光度测定。

三、仪器与材料

分光光度计、100 mL 容量瓶、1 mL 移液枪和枪头、25 mL 带刻度具塞比色管及架、高压灭菌锅（压力可达 $1.1 \sim 1.4$ kPa，温度可达 $120 \sim 124$ ℃）、消煮瓶（$60 \sim 100$ mL 带螺旋盖的聚四氟乙烯瓶或聚丙烯瓶）。

四、试剂配制

除另有说明外，所用试剂均为分析纯，实验用水为超纯水。

1. 硫酸溶液（体积分数为 17%）。在水浴冷却和不断搅拌下，将 60 mL 硫酸（H_2SO_4，$c = 1.84$ g/mL）缓慢加入 300 mL 水中，贮存于玻璃瓶中。

2. 过硫酸钾溶液（$c = 50$ g/L）。称取 5.0 g 过硫酸钾（$K_2S_2O_8$）溶于水中，并用水稀释至 100 mL，混匀。此溶液室温避光保存可稳定 10 天；$4 \sim 6$ ℃避光保存可稳定 30 天。

过硫酸钾的试剂空白若达不到要求时，可用多次重结晶方法提纯。

3. 钼酸铵溶液（$c = 30.0$ g/L）。称取 15.0 g 钼酸铵 $[(NH_4)_6Mo_7O_{24} \cdot 4H_2O]$ 溶于水中并稀释至 500 mL，贮于聚乙烯瓶中，避光保存。

4. 抗坏血酸溶液（$c = 54.0$ g/L）。称取 5.40 g 抗坏血酸（$C_6H_8O_6$）溶于水中并稀释至 100 mL。此液贮于聚乙烯瓶中，避免阳光直射。有效期为 1 个星期，在 $5 \sim 6$ ℃下低温保存，可稳定 1 个月。

5. 酒石酸锑钾溶液（$c = 1.4$ g/L）。称取 1.4 g 酒石酸锑钾（$KSbO \cdot C_4H_4O_6 \cdot 1/2H_2O$）溶于水中并稀释至 1 000 mL，贮于聚乙烯瓶中，有效期为 6 个月。

6. 硫酸－钼酸铵－酒石酸锑钾混合溶液。依次量取 100 mL 硫酸溶液、40 mL 钼酸铵溶液、20 mL 酒石酸锑钾溶液，混合均匀。临用时配制。

7. 磷酸盐标准液。

（1）磷酸盐标准贮备溶液（$c = 10\ 000$ μmol/L）：称取 1.3609 g 磷酸二氢钾（KH_2PO_4，优级纯，在 100～115 ℃ 烘 2 h，置于干燥器中冷却至室温），用少量水溶解后，全量转移至 1 000 mL 容量瓶中，用水稀释至标线，混匀。低温冷藏，有效期为 6 个月。

（2）磷酸盐标准使用溶液（$c = 100$ μmol/L）：移取 1 mL 磷酸标准贮备溶液于 100 mL 容量瓶中，用水稀释至标线，混匀，贮存于棕色玻璃瓶中，有效期为 1 天。

五、实验步骤

（一）绘制标准工作曲线

1. 在 6 个 100 mL 容量瓶中，分别移入磷酸盐标准使用溶液 0 mL、1.00 mL、2.00 mL、3.00 mL、4.00 mL、5.00 mL，用超纯水稀释至标线，混匀。此标准溶液磷酸盐浓度依次为 0 μmol/L、1.00 μmol/L、2.00 μmol/L、3.00 μmol/L、4.00 μmol/L、5.00 μmol/L。

2. 取 6 个消煮瓶，分别依次移入 25.0 mL 上述标准溶液系列，各加入 2.5 mL 过硫酸钾溶液，混匀，旋紧瓶盖。

3. 把上述消煮瓶置于不锈钢筐中，放入高压灭菌锅中加热消煮，待压力升至 1.1 kPa（温度为 120 ℃）时，控制压力在 1.1～1.4 kPa（温度 120～124 ℃），保持30 min。然后停止加热，自然冷却至压力为 "0" 时，方可打开锅盖，取出消煮瓶。

4. 消煮后的水样冷却至室温后，加入 0.5 mL 抗坏血酸溶液摇匀，加入 2.0 mL 硫酸－钼酸铵－酒石酸锑钾混合溶液和0.5 mL 抗坏血酸溶液，混匀，显色 10 min 后，在分光光度计上，用 1 cm 比色皿，以超纯水作参照液，于 882 nm 波长处测量吸光值 A_n。

5. 以吸光值 A_n 为纵坐标、磷酸盐－磷浓度 c_n 为横坐标，绘制标准曲线，并用线性回归法求出该曲线的截距 a 和斜率 b。

测定结果记录于标准曲线记录表 3-14-1。

表 3 - 14 - 1　总磷标准曲线测定记录

标准曲线绘制日期：　　　年　　月　　　日						
序号	1	2	3	4	5	6
添加标准使用溶液体积（mL）	0	1.00	2.00	3.00	4.00	5.00
标准溶液系列浓度 c_n（μmol/L）	0	1.00	2.00	3.00	4.00	5.00
标准溶液吸光值 A_n						

备注：

标准使用溶液浓度：＿＿＿＿＿＿＿＿　　　标准曲线回归方程：

仪器型号：＿＿＿＿＿＿＿＿

测定波长：＿＿＿＿＿＿＿＿ nm　　　截距 $a =$

比色皿：＿＿＿＿＿＿＿＿ cm　　　斜率 $b =$

相关系数：

附标准曲线图

绘制者：　　　　　　　校对者：

（二）水样测定

1. 量取 25.0 mL 海水水样于消煮瓶中，加入 2.5 mL 过硫酸钾溶液，混匀，旋紧瓶盖。

2. 按照标准曲线操作步骤测量水样的吸光值 A_w。

3. 将测定数据记录于表 3 - 14 - 2。

表 3 - 14 - 2　总磷测定记录

序　号	样 品 编 号	样品吸光值 A_w	c_{TP-P}（μmol/L）
1			
2			
3			

（续上表）

序　号	样　品　编　号	样品吸光值 A_w	c_{TP-P}（μmol/L）
4			
5			
…			
…			
112			

注：14 天 × 4 组 × 2 平行样 = 112 个样品。

六、数据分析

利用标准曲线按下式计算水样中的总磷 – 磷浓度：

$$c_{TP-P} = \frac{A_w - a}{b}$$

式中，c_{TP-P} 为水样中总 P 的浓度（单位：μmol/L）；A_w 为水样中总 P 的吸光值；a 为标准曲线中的截距；b 为标准曲线中的斜率。

根据实验结果，以培养时间为横坐标、总磷的浓度为纵坐标作图，了解总磷被浮游植物吸收的变化情况。

实验十五　海水中总氮的测定

一、实验目的

1. 掌握过硫酸钾氧化法测定总氮的基本原理。
2. 掌握样品的采集、保存和测定的操作过程及注意事项。
3. 熟悉分光光度计的使用。

二、实验原理

海水样品在碱性和 110～120 ℃条件下，用过硫酸钾氧化，有机氮化合物被转化为硝酸氮。同时，水中的亚硝酸氮、铵态氮也定量地被氧化为硝酸氮。硝酸氮经还原为亚硝酸盐后与对氨基苯磺酰胺进行重氮化反应，反应产物再与 1 – 萘替乙二胺二盐酸盐作用，生成深红色偶氮染料，于 543 nm 波长处进行分光光度测定。

三、仪器与材料

分光光度计、100 mL 容量瓶、1 mL 移液枪和枪头、25 mL 带刻度具塞比色管及架、往返式电动振荡器（频率 150～250 r/min）、高压灭菌锅（压力可达到 1.1～1.4 kPa，温度可达 120～124 ℃）、消煮瓶（60～100 mL，带螺旋盖的聚四氟乙烯瓶或聚丙烯瓶）。

四、试剂配制

除另有说明外，本法中所用试剂均为分析纯，水为超纯水。

1. 氢氧化钠溶液（$c = 1.0$ mol/L）。称取 20.0 g 氢氧化钠（NaOH）于 1 000 mL 烧杯中，加入 500 mL 水，煮沸 5 min，冷却后用水补充至 500 mL，贮于聚乙烯瓶中。

所使用的氢氧化钠应经总氮试剂空白值检验合格方可使用。

2. 过硫酸钾溶液（$c = 50.0$ g/L）。称取 5.0 g 过硫酸钾（$K_2S_2O_8$）溶解于 50 mL 氢氧化钠溶液中，用水稀释至 100 mL，存放于聚乙烯瓶中。此溶液于室温避光保存可稳定 7 天，在 4～6 ℃避光保存可稳定 30 天。

所使用的过硫酸钾应进行试剂空白值检验，总氮空白值若达不到要求时，可用多次重结晶方法提纯。

3. 盐酸溶液（$c = 1.5$ mol/L）。量取 12.5 mL 浓盐酸（HCl，$c = 1.19$ g/mL）加入 87.5 mL 水中，混匀。

4. 四硼酸钠溶液（$c = 38.1$ g/L）。称取 19.05 g 四硼酸钠（$Na_2B_4O_7 \cdot 10H_2O$）溶于水中，并用水稀释至 500 mL，混匀，贮于试剂瓶中。

5. 锌片。纯度 99.99%、厚度 0.1 mm 的锌片，将锌片裁成 5.0 cm×3.0 cm 的小片，卷成内径约 1.5 cm 的锌卷。（注：锌片表面光洁明亮，无边角毛刺、残缺，无腐蚀斑点，锌片剪裁前应用纱布仔细擦净表面。）

6. 氯化镉溶液（$c = 20$ g/L）。称取 20.0 g 氯化镉（$CdCl_2 \cdot 5/2H_2O$）溶于水并稀释至 1 000 mL，混匀。盛于试剂瓶中。警告——试剂剧毒，小心操作！

7. 对氨基苯磺酰胺溶液（$c = 10$ g/L）。称取 5 g 对氨基苯磺胺（$NH_2SO_2C_6H_4NH_2$）溶于 350 mL 盐酸溶液（体积分数 14%）中，用水稀释至 500 mL，混匀。贮于棕色玻璃瓶中。

8. 1-萘替乙二胺二盐酸盐溶液（$c = 1$ g/L）。称取 0.5 g 1-萘替乙二胺二盐酸盐（$C_{10}H_7NHCH_2CH_2NH_2 \cdot 2HCl$），用少量水溶解后，稀释至 500 mL，混匀。贮于棕色玻璃瓶中。

9. 硝酸盐标准溶液。

（1）硝酸盐标准贮备溶液（$c = 10\ 000$ μmol/L）：称取 1.011 g 硝酸钾（KNO_3，预先在 110 ℃下烘 1 h，置于干燥器中冷却）溶于少量水中，用水稀释至 1 000 mL，混匀。加 1 mL 三氯甲烷（$CHCl_3$），混合。贮于 1 000 mL 棕色试剂瓶中，于冰箱内保存。有效期 6 个月。

（2）硝酸盐标准使用溶液（$c = 800\ \mu mol/L$）：移取 8 mL 硝酸盐标准贮备溶液于 100 mL 容量瓶中，用水稀释至标线，混匀。使用前配制。

五、实验步骤

（一）绘制标准工作曲线

1. 取 6 个 100 mL 容量瓶，分别加入 0 mL、0.50 mL、1.00 mL、2.00 mL、3.00 mL、4.00 mL 硝酸盐标准使用溶液，加超纯水至标线，混匀。此标准溶液硝酸盐氮浓度依次为 0 $\mu mol/L$、4.00 $\mu mol/L$、8.00 $\mu mol/L$、16.00 $\mu mol/L$、24.00 $\mu mol/L$、32.00 $\mu mol/L$。

2. 将上述标准溶液系列分别量取 25.0 mL 转移到消煮瓶中，各加入 4.0 mL 过硫酸钾溶液，旋紧瓶盖。

3. 把装上水样的消煮瓶置于不锈钢筐中，放入高压灭菌锅中加热消煮，待压力升至 1.1 kPa（温度 120 ℃）时，控制压力在 1.1～1.4 kPa（温度 120～124 ℃）并保持 30 min。然后，放置使之自然冷却，待压力降至 "0" 后方可打开锅盖，取出样品。

4. 样品冷却后，加入 0.5 mL 盐酸溶液，振摇使沉淀物溶解。

5. 水样转移到 100 mL 容量瓶中，用超纯水洗涤消煮瓶 3 次，洗涤液一并转入容量瓶中，加入 2.0 mL 四硼酸钠溶液，用超纯水稀释至标线，混匀。

6. 量取 25.0 mL 经消煮定容后的样品，转移到一组干燥的 25 mL 具塞比色管中，向每个瓶中放入一个锌卷，加入 0.5 mL 氯化镉溶液，迅速放在振荡器上振荡 10 min。振荡后迅速将瓶中的锌卷取出。

7. 加入 0.5 mL 对氨基苯磺酰胺溶液，混匀，放置 5 min，再加入 0.5 mL 1-萘替乙二胺二盐酸溶液，混匀，放置 15 min，颜色可稳定 4 h。

8. 颜色稳定后，在分光光度计上用 1 cm 比色皿，以超纯水为参比，于 543 nm 波长处测定吸光值 A_n。

9. 以吸光值 A_n 为纵坐标、总氮的浓度 c_n 为横坐标绘制标准曲线，并用线性回归法求出标准曲线截距 a 和斜率 b。

测定结果记录于标准曲线记录表 3-15-1。

表 3 – 15 – 1　总氮标准曲线测定记录

标准曲线绘制日期：　　年　　月　　日						
序　号	1	2	3	4	5	6
添加标准 使用溶液体积（mL）	0	0.50	1.00	2.00	3.00	4.00
标准溶液系列浓度 c_n（μmol/L）	0	4.00	8.00	16.00	24.00	32.00
标准溶液吸光值 A_n						

备注：

标准使用溶液浓度：＿＿＿＿＿＿＿＿＿　　标准曲线回归方程：

仪器型号：＿＿＿＿＿＿＿＿＿

测定波长：＿＿＿＿＿＿＿＿＿ nm　　截距 $a =$

比色皿：＿＿＿＿＿＿＿＿＿ cm　　斜率 $b =$

相关系数：

附标准曲线图

绘制者：　　　　　　校对者：

（二）水样测定

1. 量取 25.0 mL 水样于消煮瓶中，加 4.0 mL 过硫酸钾溶液，旋紧瓶盖。

2. 按照标准曲线操作步骤测定水样的吸光值 A_w。

3. 将测定数据记录于表 3 – 15 – 2。

表 3 – 15 – 2　总氮测定记录

序　号	样 品 编 号	样品吸光值 A_w	c_{TN-N}（μmol/L）
1			
2			
3			
4			
5			
...			

（续上表）

序　号	样 品 编 号	样品吸光值 A_w	c_{TN-N}（μmol/L）
…			
112			

注：14 天 ×4 组 ×2 平行样 =112 个样品。

六、数据分析

利用标准曲线按下式计算水样中的总氮 – 氮浓度：

$$c_{TN-N} = \frac{A_w - a}{b}$$

式中，c_{TN-N} 为水样中总氮的浓度（单位：μmol/L）；A_w 为水样中总氮的吸光值；a 为标准曲线中的截距；b 为标准曲线中的斜率。

根据实验结果，以培养时间为横坐标、总氮的浓度为纵坐标作图，了解总氮被浮游植物吸收的变化情况。

附　　录

附录一　血球计数板的使用

血球计数板用优质厚玻璃制成，被用以对人体内红血胞、白血胞进行显微计数，也常用于计算一些细菌、真菌、酵母、藻类等微生物的数量，是一种常见的生物学工具。

一、简介

每块计数板由"H"形凹槽分为 2 个同样的计数池（附图 1-1）。计数池两侧各有一支持柱，将盖玻片覆盖其上，形成高 0.10 mm 的计数室。方网格分为 9 个大方格，每个大方格面积为 1.0 mm × 1.0 mm = 1.0 mm², 容积为 1.0 mm² × 0.10 mm = 0.10 mm³。其中，中央大方格用双线分成 25 个中方格，位于正中及四角的 5 个中方格是计数区域，每个中方格用单线划分为 16 个小方格（附图 1-2）。

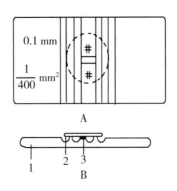

附图 1-1　血球计数板构造

A. 正面图；B. 纵切面图。

1. 血球计数板；2. 盖玻片；3. 计数室。

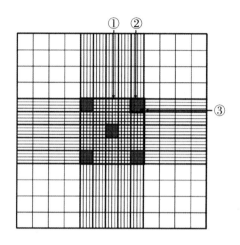

附图 1 - 2　放大后的方网格

中间大方格①为计数室，中方格②为 5×5 网格，中方格里的小方格③为 4×4 网格。

二、使用步骤

1. 镜检。加样前，先对计数室进行镜检，若有污染物，则需要清洗干净后才能使用。

2. 加样。将清洁干燥的血球计数板的计数室盖上盖玻片（一片盖玻片同时覆盖两个计数室），用吸管或移液枪吸取少量混匀的水样，分别滴于上下两个计数室的盖玻片边缘，让水样自行缓缓渗入，一次性充满计数室，过程中注意防止气泡产生，多余的水样可用滤纸吸去。

3. 计数。将血球计数板置于显微镜下，先在低倍镜下找到计数室所在的位置，再转换高倍镜观察计数。

4. 清洁。使用后，用自来水轻轻冲洗，切勿用硬物刷洗，洗后自然晾干。

三、计数方法

1. 用计数器数出位于计数室正中及四角 5 个中方格的细胞总数（n）。

2. 对于压在中方格界线上的细胞应当计数同侧相邻两边上的细胞数，可采用"数上线不数下线，数左线不数右线"的处理方法（附图 1 - 3），另两边不计数。

3. 计算公式：水样中的细胞浓度 = $\dfrac{n}{80} \times 400 \times 10\,000$（单位：cells/mL）。

4. 计数一个样品一般要从两个计数室中计得的平均数值来计算。

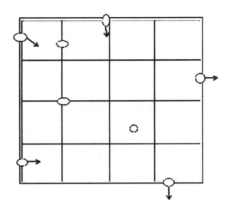

附图1-3　中方格计数处理方法"数上线不数下线，数左线不数右线"

附录二　光学显微镜的使用

　　光学显微镜是利用光学原理，把人眼所不能分辨的微小物体放大成像，以供人们提取微细结构信息的光学仪器。光学显微镜可分为光学系统、机械装置两部分。光学系统主要包括目镜、物镜、聚光镜和光圈等部件。机械装置包括物镜转换器、载物台、弹簧夹、聚光镜升降手轮、微调焦手轮、镜座等（附图2-1）。

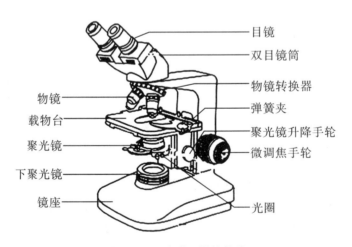

附图2-1　光学显微镜构造
图片来源：http://www.chem17.com/st339039/Article_1485544.html。

一、使用方法

1. 准备。实验室内应清洁而干燥，实验台台面水平、稳固，显微镜附近不应放置腐蚀性的试剂。从显微镜柜或镜箱内取出显微镜时，要用右手紧握镜臂，左手托住镜座，平稳地取出，放置在实验台桌面上，置于操作者左前方，距实验台边缘约 8 cm，实验台右侧放记录用具。

2. 调节光源。转动物镜转换器，使低倍镜正对通光孔，将聚光器上的光圈开到最大，观察目镜中视野亮度，同时调节旋钮调整光源强度，使光照合适。

3. 装置待检玻片。将待观察的样品制作成装片，放在载物台上，用弹簧夹固定，有盖玻片的一面朝上。调节载物台移动手柄，使待检样品至通光孔的中心。观察之前，先转动粗准焦螺旋，使载物台上升，物镜逐渐接近玻片。需要注意，不能使物镜触及玻片，以防镜头将玻片压碎。

4. 低倍镜观察。调整双筒距离，使两眼视场合并。将低倍镜对准通光孔，通过目镜观察，同时用粗准焦螺旋使载物台缓慢下降，直至物像出现。再用细准焦螺旋微调，同时稍微调节光源亮度与光圈的大小，使物像清晰以便观察记录。

5. 高倍镜观察。把需要进一步放大观察的部分移至视野中央，转动物镜转换器，选择较高倍数的物镜（一般将低倍物镜换成高倍物镜观察时，视野要稍变暗一些，所以同时需要调节光线强弱），用细准焦螺旋调节焦距，直至物像清晰。

6. 还原显微镜。实验结束后，关闭光源并拔下电源插头。旋转物镜转换器，使物镜头呈"八"字形位置与通光孔相对。再将载物台调整缓缓落下，并检查零件是否损伤或污染（如物镜沾了液体则要用擦镜纸向同一方向擦净），检查完毕后将显微镜放回柜内或镜箱。

二、注意事项

1. 必须熟练掌握并严格执行使用规程，按照严格的流程和说明书来操作显微镜。

2. 轻拿轻放，取送显微镜时一定要用右手握臂、左手托座的姿势，不可单手提取，以免零件脱落。

3. 观察时，不能随便移动显微镜的位置。

4. 凡是显微镜的光学系统部分，只能用专用的擦镜纸擦拭，切记口吹或用他物擦拭，更不能用手触摸。

5. 保持显微镜的干燥、清洁，避免灰尘、水及化学试剂的污染。

6. 使用微动调焦旋钮时，用力要轻，转动要慢，转不动时不要硬转。

7. 不得任意拆卸显微镜上的零件。

8. 使用高倍物镜时，勿用粗动调焦手轮调节焦距，以免移动距离过大，损伤物镜和玻片。

9. 要养成两眼同时睁开的习惯，左眼观察视野，右眼用以绘图或记录。

附录三　移液枪的使用

移液枪是移液器的一种，常用于实验室少量或微量液体的移取，不同规格的移液枪配套使用不同规格的枪头，不同生产厂家生产的形状也略有不同，但工作原理及操作方法基本一致。移液枪包括操作按钮、管嘴推出器、手柄、体积显示窗、套筒、管嘴和枪头等（附图3－1）。

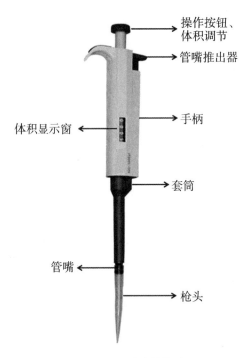

操作按钮、体积调节

管嘴推出器

手柄

体积显示窗

套筒

管嘴

枪头

附图3－1　移液枪构造

一、使用方法

移液枪的手持姿势见附图 3 - 2。

1. 使用前准备。移液枪应放置在移液枪架上，不同移液枪有不同的使用量程，在使用前一定要看清楚量程范围，禁止超出量程范围使用！不用时应将量程调至最大值。当移液枪枪头内有液体时，禁止将其水平放置或倒置！

2. 量程的调节。在调节量程时，如果要从大体积调为小体积，则按照正常的调节方法，顺时针旋转旋钮即可；但如果要从小体积调为大体积时，则可先逆时针旋转刻度旋钮至稍微超过量程的刻度，再回调至设定体积，以保证量取的最高精确度。在调节量程的过程中，千万不要将按钮旋出量程，否则会卡住内部机械装置而损坏移液枪。

3. 枪头的装配。将移液枪垂直插入枪头中，稍微用力左右微微转动，切勿使劲在枪头盒上敲，否则会导致移液枪的内部配件（如弹簧）因敲击产生的瞬时撞击力而变得松散，甚至会导致刻度调节旋钮卡住。

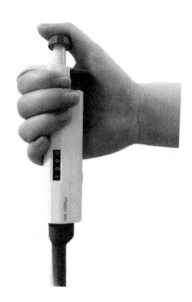

附图 3 - 2　移液枪的手持姿势

4. 移液的方法。移液之前，要保证移液枪、枪头和液体处于相同温度。吸取液体时，移液枪保持竖直状态，将枪头插入液面下 2～4 mm。在吸液之前，可以先吸放几次液体以润湿枪头（尤其是要吸取粘稠或密度与水不同的液体时）。在吸液时，速度要慢，速度过快会使液体吸进枪体内导致腐蚀。

正向移液法（附图 3-3）：

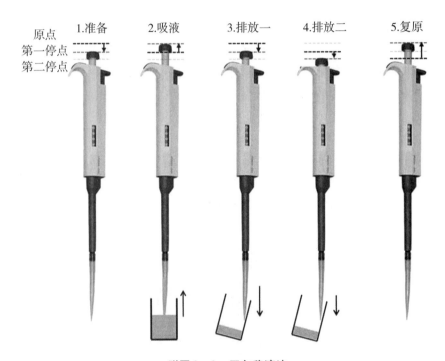

附图 3-3　正向移液法

此法一般用于转移水作为溶剂的液体（或者密度接近于水的液体）。
（1）用大拇指将按钮按下至第一停点。
（2）将枪头浸入要转移液体中，然后慢慢平稳松开按钮回原点，液体被吸入。
（3）提起枪头，将枪头转入接受容器中，将按钮按至第一停点排出液体。
（4）稍停片刻继续按按钮至第二停点排出残余的液体。
（5）最后松开按钮，回到原点，用大拇指按动管嘴推出器推掉废弃的枪头。

反向移液法（附图3-4）：

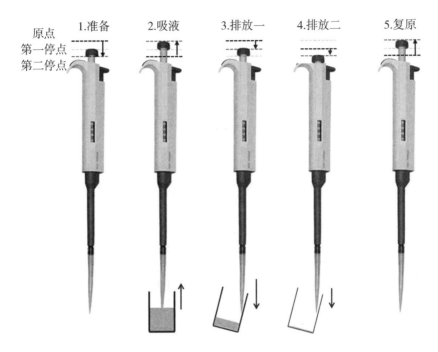

附图3-4　反向移液法

　　此法一般用于转移高黏液体、生物活性液体、易起泡液体或极微量的液体，其原理是先吸入多于设置量程的液体，转移液体时不用吹出残余的液体。

　　（1）用大拇指将按钮按下至第二停点。

　　（2）将枪头浸入要转移液体中，慢慢平稳松开按钮至原点，液体被吸入。

　　（3）提起枪头，将枪头转入接受容器中，将按钮按至第一停点排出液体（千万别再往下按），得到预设移液体积。

　　（4）将枪头转移出目标容器，推到第二停点吹出残余液体。

　　（5）最后松开按钮，回到原点，用大拇指按动管嘴推出器推掉废弃的枪头。

　　5. 移液枪放置。使用完毕后，将移液枪量程调至最大值，减小对移液枪内弹簧的损伤，并放置在移液枪架上。

二、注意事项

　　1. 移液枪应保持干燥清洁。

　　2. 使用前应检查移液枪是否漏液。吸液后在液体中停1～3 s观察枪头内液面是否下降；若液面下降，则应首先检查枪头是否有问题，如有问题更换枪头；更换枪头后液面仍下降，说明活塞组件有问题，应找专业维修人员修理。

　　3. 切勿用同一枪头吸取不同液体，避免样品交叉污染。

　　4. 如液体不小心吸进枪内，应反复进行排出操作，尽量把液体打出，并报告专业人员。

5. 根据使用频率，移液枪应定期用肥皂水擦拭或用60%的异丙醇消毒，再用双蒸水擦拭并晾干。

6. 避免放在温度较高处以防变形致漏液或不准。

7. 发现问题及时找专业人员处理。

附录四　滴定管的使用

滴定分析（容量分析）是将一种已知准确浓度的标准溶液滴加到被测定物质的溶液中，直到被测定物质与所加标准溶液完全反应，然后根据标准溶液的所用体积和浓度计算出物质含量的分析方法。

滴定管是指在滴定操作中盛装滴定剂溶液的量器，其管身是由内径均匀并具有精确刻度的玻璃管制成，下端连接控制液体流出速度的玻璃旋塞或含有玻璃珠的乳胶管，底端再连接一个尖嘴玻璃管。下端为玻璃旋塞的滴定管称为酸式滴定管，常用于测量滴出的非强碱性稀溶液的体积，不宜盛装碱性溶液，因为久放碱性溶液能腐蚀玻璃，导致旋塞无法转动。下端为含有玻璃珠的乳胶管的滴定管称为碱式滴定管，常用于测量非氧化性稀溶液的体积，主要是测量碱性稀溶液的体积，具有氧化性和侵蚀乳胶管的酸类不能使用碱式滴定管（附图4-1）。

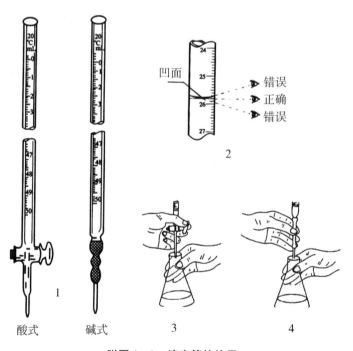

附图4-1　滴定管的使用

1. 滴定管（左：酸式滴定管，右：碱式滴定管）；2. 读数时视线应跟管内液体的凹液面最低处保持水平；3. 酸式滴定管的使用；4. 碱式滴定管的使用。

一、使用前准备

1. 检查。使用前对滴定管进行检查，检查是否有破损和漏液情况。

2. 洗涤。没有明显污染时，可直接用自来水冲洗干净，再用蒸馏水冲洗 2～3 次。若内壁有油脂性污染物，则可用洗涤剂或铬酸洗液清洗。

3. 润洗及装液。将标准溶液摇匀，往滴定管内加入约 10 mL 标准溶液，双手平端滴定管同时慢慢转动，使标准溶液接触整个滴定管内壁，润洗液从下端出口排出弃去，重复 2～3 次。润洗后装入标准溶液。

4. 排气泡。检查尖嘴处是否有气泡，若有气泡应将气泡排出，否则影响溶液体积的测量。对于酸式滴定管，可以迅速转动活塞，使溶液急速流出，以排除气泡；对于碱式滴定管，先将滴定管倾斜，将橡皮管向上弯曲，并使滴定管嘴向上，然后捏挤玻璃珠上部，让溶液从尖嘴处喷出，使气泡随之排出。

5. 初始读数。记录标准溶液的初始读数（读数时视线应跟管内液体的凹液面最低处保持水平）。

二、使用方法

1. 滴定操作。使用酸式滴定管滴定时左手控制活塞，大拇指在前，食指和中指在后，手指略微弯曲，轻轻向内扣住活塞，注意手心不要顶住活塞，以免将活塞顶出，造成漏液。右手持锥形瓶，使瓶底向同一方向做圆周运动。使用碱式滴定管时，左手拇指在前，食指在后，握住橡皮管中的玻璃珠所在部位稍上处，向外侧捏挤橡皮管，使橡皮管和玻璃珠间形成一条缝隙，溶液即可流出。但注意不能捏挤玻璃珠下方的橡皮管，否则会造成空气进入形成气泡。

2. 滴定速度。液体流速由快到慢，起初可以"连滴成线"，之后逐滴滴下，快到终点时则要半滴半滴地加入。半滴的加入方法是：小心放下半滴滴定液悬于管口，用锥形瓶内壁靠下，然后用洗瓶冲下。

3. 终点判定。临近滴定终点时，溶液会出现暂时性的颜色变化，此时应摇动锥形瓶数次。当达到滴定终点时，立刻停止滴定，等待 30 s，溶液颜色稳定即视为达到滴定终点。取下滴定管，右手执管上部无液部分，使管垂直，目光与液面平齐，读出读数，读数时应估读一位。

4. 清洗。使用后清洗滴定管。

滴定管的使用见附图 4–1。

三、注意事项

1. 滴定前应练习使用滴定管数次，保证使用熟练后才开始滴定。

2. 滴定过程中眼睛应看着锥形瓶中溶液的颜色变化，而不能看滴定管。

3. 滴定过程需有耐性，否则容易错过滴定终点。

附录五　紫外可见分光光度计的使用

一、原理

紫外可见分光光度法是利用物质分子对紫外可见光谱区的辐射的吸收来进行分析的一种仪器分析方法。这种分子吸收光谱产生于价电子和分子轨道上的电子在电子能级间的跃迁，它广泛用于无机和有机物质的定性和定量分析。

紫外可见分光光度计是基于紫外可见分光光度法的原理工作的常规分析仪器。根据光路设计的不同，紫外可见分光光度计可以分为单光束分光光度计、双光束分光光度计和双波长分光光度计。

朗伯－比耳定律（Lambert-Beer）是光吸收的基本定律，俗称光吸收定律，是分光光度法定量分析的依据和基础。当入射光波长一定时，溶液的吸光度是吸光物质的浓度及吸收介质厚度（吸收光程）的函数。其常用表达式为

$$A = -\lg T = \varepsilon bc$$

式中，A 为吸光度；T 为透射率（附图 5-1）；ε 为摩尔吸光系数；c 为溶液浓度（单位：mol/L）；b 为光程（单位：cm）。

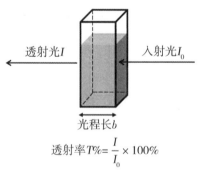

透射率 $T\% = \dfrac{I}{I_0} \times 100\%$

附图 5-1　透射率

二、构造

紫外可见分光光度计是由光源、单色器、光束分裂器、吸收池和检测器等部件组成（附图5－2）。其中，钨及碘钨灯可提供340～1 500 nm光源，多用在可见光区；氢灯和氘灯可提供160～375 nm光源，多用在紫外区。可见光区的测量可用玻璃吸收池或石英吸收池，紫外光区的测量需用石英吸收池。

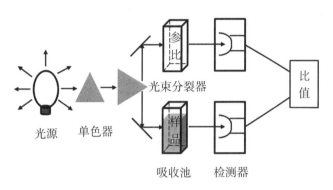

附图5－2　双光束分光光度计光路

三、操作方法

1. 接通电源，打开仪器开关，仪器进行自检，此过程保持样品室盖子盖上。

2. 仪器自检完成后，选择所需要的波长。

3. 将参比溶液分别倒入两个比色皿中（提前润洗2～3次），液体高度不小于比色皿高度的2/3。注意：拿比色皿时接触磨砂面，尽量不要接触光学面，用吸水纸把比色皿外侧液体吸干，并用擦镜纸往同一方向擦拭比色皿外侧。

4. 打开样品室盖子，将上一步的两个参比溶液分别放入样品和参比槽中，盖上盖子，进行调零。

5. 将样品槽中的参比溶液取出，放入加了样品的比色皿，盖上盖子，读出样品的吸光度值并记录。

6. 使用仪器结束后，关闭电源，将干燥剂放入样品室内，取出比色皿洗净倒立晾干。

四、注意事项

1. 该仪器应放在干燥的房间内，使用时放置在平稳的工作台上，室内照明不宜太强。

2. 不同型号的紫外可见分光光度计在使用上稍有区别，因此使用仪器前，使用者应该首先了解该型号仪器的结构和工作原理，以及各个操纵按钮的功能，严格按照说明书上的规范进行操作。

3. 比色皿内溶液以皿高的 2/3 ~ 4/5 为宜，不可过满，以防液体溢出腐蚀仪器。

4. 测定时，禁止将试剂或液体物质放在仪器的表面上，如有溶液溢出或其他原因将样品室弄脏，要尽可能及时清理干净。

附录六　样品容器的洗涤

一、洗涤方法

新容器应彻底清洗，使用的洗涤剂种类取决于待测物质的组分和容器材质。对于一般性用途的容器，可先用自来水和洗涤剂清洗尘埃和包装物质，再用自来水洗净，然后浸泡在 1 mol/L 的盐酸溶液中过夜，再用自来水冲洗，最后用蒸馏水冲洗 2 ~ 3次，烘干后备用。

使用过的容器，应彻底洗净后方可使用，洗涤的方法根据容器残留物质和容器材质不同而不同。对于玻璃容器，先用自来水冲洗；对于洗不净的残留物质，可用去污粉和肥皂水洗涤；若仍洗不掉，可用铬酸洗液清洗。对于聚乙烯容器，用 1 mol/L 的盐酸溶液浸泡过夜，再用自来水冲洗干净，最后用蒸馏水润洗 2 ~ 3 次。用于贮存计数和生化分析的水样瓶，还应该另用硝酸溶液浸泡，然后用蒸馏水淋洗以除去任何重金属和铬酸盐残留物，如果待测定的有机成分需经萃取后进行测定，在这种情况下，也可以用萃取剂处理玻璃瓶。

二、注意事项

1. 在清洗容器时，清洗人员要注意人身安全，由于洗液具有腐蚀性，操作时要小心勿将洗液溅到衣服及身体各部位。

2. 清洗完毕后，清洗人员应倒置清洗后的器皿，器皿内水既不聚成水滴，也不成股流下，而是形成一层均匀的水膜，证明清洗干净，否则要重新清洗。

3. 清洗完毕后的容器烘干备用。

4. 洗涤过程中应采取"少量多次"的原则，不要浪费水。

参 考 文 献

［1］ PARSONS T R，TAKAHASHI M，HARGRAVE B C. Biological oceanographic processes ［M］. 3rded. Oxford：Pergamon Press，1984.

［2］ 陈时洪. 分析化学实验［M］. 北京：中国农业出版社，2013.

［3］ 沈国英，黄凌风，郭丰. 海洋生态学［M］. 3 版. 北京：科学出版社，2010.

［4］ 中华人民共和国国家标准. GB 17378.2—2007［S］. 海洋监测规范 第 2 部分：数据处理与分析质量控制.

［5］ 中华人民共和国国家标准. GB 17378.3—2007［S］. 海洋监测规范 第 3 部分：样品采集、贮存与运输.

［6］ 中华人民共和国国家标准. GB 17378.4—2007［S］. 海洋监测规范 第 4 部分：海水分析.

［7］ 中华人民共和国国家标准. GB/T 12763.4—2007［S］. 海洋调查规范 第 4 部分：海水化学要素调查.

［8］ 中华人民共和国国家标准. GB/T 12763.6—2007［S］. 海洋调查规范 第 6 部分：海洋生物调查.

［9］ 中华人民共和国行业标准. SL354—2006［S］. 水质 初级生产力测定 - "黑白瓶"测氧法.